内蒙古樟子松林内大型真菌图谱

姜海燕　赵胜国　张素华　刘殿国　叶冬梅　白　艳　著

哈尔滨工业大学出版社

内 容 简 介

本书是一部以图谱形式体现内蒙古樟子松林内丰富多彩的大型真菌资源及其分类地位的专著。全书共记载大型真菌3门5纲14目41科（其中1科为未定科）77属153种，涵盖菌物界及原生动物界，其中菌物界包括子囊菌门4科5属6种与担子菌门36科（其中1科为未定科）71属146种，原生动物界包含变形虫门1科1属1种。本书详细介绍了每种菌物的名称、拉丁学名、采集地点、经纬度（指采集地点经纬度）、生境、特征、价值、评估等级（指濒危评估等级）、分布等相关信息，书末附有参考文献、中文名索引及拉丁名索引。

本书可作为从事菌物学、食用菌、药用菌的研究者及高等院校森林保护、林学、生命科学类等相关专业师生的教学参考书，也可为樟子松林内人工引种驯化等方面的研究人员提供参考。

图书在版编目（CIP）数据

内蒙古樟子松林内大型真菌图谱 / 姜海燕等著. —
哈尔滨：哈尔滨工业大学出版社，2024.3
ISBN 978-7-5767-1289-6

Ⅰ．①内… Ⅱ．①姜… Ⅲ．①樟子松－森林带－大型真菌－内蒙古－图谱 Ⅳ．①Q949.320.8-64

中国国家版本馆 CIP 数据核字（2024）第 060867 号

策划编辑　王桂芝
责任编辑　陈雪巍
出版发行　哈尔滨工业大学出版社
社　　址　哈尔滨市南岗区复华四道街 10 号　邮编 150006
传　　真　0451-86414749
网　　址　http://hitpress.hit.edu.cn
印　　刷　哈尔滨市石桥印务有限公司
开　　本　787 mm×1 092 mm　1/16　印张 11.75　字数 235 千字
版　　次　2024 年 3 月第 1 版　2024 年 3 月第 1 次印刷
书　　号　ISBN 978-7-5767-1289-6
定　　价　188.00 元

（如因印装质量问题影响阅读，我社负责调换）

作者简介

　　姜海燕，汉族，博士，内蒙古农业大学林学院森林保护专业教授、硕士生导师。现承担微生物学、菌物分类学、森林病理学、普通植物病理学、园林植物病虫害防治、林病研究法等课程的教学工作。主持、参与国家级和自治区级项目 20 项；出版专著 2 部，参编国家统编教材 2 部；发表 SCI 收录论文 3 篇，中文核心期刊论文 40 余篇；获授权国家发明专利 2 项。主要研究方向：菌物分类、森林病理、内生菌、菌根生物技术等。

　　赵胜国，蒙古族，内蒙古自治区林业和草原有害生物防治检疫总站站长、二级正高级工程师，内蒙古自治区突出贡献专家，内蒙古昆虫学会副理事长，全国林业有害生物防治标准化委员会委员。获内蒙古自治区科技进步奖二等奖 2 项、三等奖 2 项，内蒙古自治区农牧业丰收奖一等奖 3 项、二等奖 2 项；获授权国家发明专利 2 项、实用新型专利 4 项。主要研究方向：林业草原有害生物防治检疫。

　　张素华，汉族，呼和浩特市林业和草原保护中心二级正高级工程师。参与国家级和自治区级项目 9 项；获自治区级、市级科技奖励 4 项；出版专著 1 部；发表科技论文 14 余篇；获授权实用新型专利 1 项。主要研究方向：林草有害生物防治及技术研究推广、监测与预测预报、林业植物检疫以及林草种苗管理及技术推广等。

刘殿国,汉族,内蒙古农业大学林学院森林保护专业专任教师、副教授。主要研究方向:野生动物保护、自然保护区管理及鼠害防治等。

叶冬梅,汉族,博士,内蒙古农业大学林学院森林培育专业副教授、硕士生导师。现承担林学概论、种苗学、园林苗圃学、营林学、林业生态工程学、林业经济管理学、植被恢复技术等课程的教学工作。主持、参与国家级和自治区级项目 20 余项;参编国家统编教材 1 部;发表中文核心期刊论文 30 余篇。主要研究方向:林木种质资源收集保存及评价利用、林木种子生理特性研究、林木抗逆性研究等。

白艳,蒙古族,硕士,内蒙古自治区林业和草原有害生物防治检疫总站高级工程师。参与国家级技术推广项目 2 项;参编著作 6 部;发表论文 10 余篇。主要研究方向:林草有害生物防治检疫。

前　言

　　樟子松（*Pinus sylvestris var. mongolica*）是隶属于松科、松属的高大常绿乔木，是欧洲赤松（*Pinus sylvestris*）向东延伸在沙地森林生境下形成的一个生态地理变种，现为国家二级珍贵保护树种，主要分布在我国东北地区大兴安岭以西、呼伦贝尔草原沙地上的中温性天然松林群落，是东北地区沙地的主要天然针叶林群落，具有很强的防风固沙能力，以其较强的耐干旱、耐寒冷、耐贫瘠等抗逆性，被广泛用作我国半干旱风沙地区造林的主要树种。

　　大型真菌是指能形成肉质或胶质的子实体或菌核，多数属于担子菌门，少数属于子囊菌门的一类大型高等真菌，其子实体生长在基质上或地下，是肉眼可识别和徒手采摘的真菌，泛指广义上的蘑菇。大型真菌中有些是具有保健作用的味道鲜美、营养丰富的食用菌；有些具有抗肿瘤、止血、消毒、增强免疫力等多种功效，可作为药用菌；部分是致命的剧毒种类真菌，如毒蘑菇，误食毒蘑菇后，可引起多种中毒反应，乃至死亡；还有一些是与树木形成共生关系的菌根真菌及导致森林病害的真菌等。因此，大型真菌是真菌中的一个重要类群，是目前真菌中最有开发应用前景的一类。

　　在内蒙古地区，樟子松的引种范围十分广泛，东至通辽、西至阿拉善，在横跨 1 800 km 的范围内均有樟子松的栽植区域。樟子松人工林或天然林内阴暗潮湿，大量枯枝落叶等凋落物经微生物分解形成腐殖质，为大型真菌提供了丰富的营养，形成了多类型真菌生长繁殖的良好环境。到目前为止，对樟子松林内野生大型真菌开展的系统调查和研究总结还很少。为掌握内蒙古地区樟子松林内大型真菌的种类分布、形态特征、生态习性、价值等基本情况，本书作者团队对内蒙古地区樟子松林内大型真菌资源状况进行了调查研究。

　　内蒙古自治区兴安盟阿尔山市位于内蒙古自治区兴安盟西北部，横跨大兴安岭西南山麓，其地理坐标为东经 119°28′—121°23′，北纬 46°39′—47°39′，是全国纬度较高的城市之一。阿尔山附近樟子松林为天然林。樟子松林位于阿尔山市西北 25 km、中蒙边境附近，属大兴安岭西坡樟子松带的南端，为全国较大的樟子松林带之一，林木茂密，林相整齐，树干挺直。樟子松岭山顶浑圆，地表覆盖 0.5～2 m 厚沙土层，排水、蓄水条件较好，气候条件适于樟子松生长。

内蒙古自治区呼伦贝尔市鄂温克族自治旗内蒙古红花尔基樟子松国家森林公园是我国最大的沙地樟子松林区，是我国天然樟子松的"基因库"和"能源库"，素有"樟子松故乡"的美誉。内蒙古红花尔基樟子松国家森林公园的地理坐标为东经 119°55′—120°09′，北纬 48°02′—48°14′。这里有亚洲最大、我国唯一集中连片的沙地樟子松林带。

内蒙古自治区通辽市科尔沁右翼后旗甘旗卡镇双合尔公园是甘旗卡镇区最大的一座综合性公园。公园内可供观赏树种有松树、枫树、榆树、槐树、杏树等 28 种，树龄大都在十年、几十年，甚至数百年以上。内蒙古自治区通辽市科尔沁右翼后旗甘旗卡镇双合尔公园的地理坐标为东经 122°21′—122°23′，北纬 42°56′—42°58′，其樟子松林为人工林。

内蒙古自治区赤峰市喀喇沁旗旺业甸林场地处内蒙古东部，赤峰市南部，蒙、辽、冀三省区交汇处。其地理坐标为东经 118°21′—118°24′，北纬 41°39′—41°42′。自 1964 年起，赤峰市林业科学研究所和旺业甸实验林场共同主持开展了樟子松引种的试验研究，成功地营造了较大面积的樟子松人工林，目前这些人工林长势良好，发展成为近自然林。

内蒙古自治区锡林郭勒盟西乌珠穆沁旗古日格斯台国家级自然保护区位于内蒙古自治区锡林郭勒盟西乌珠穆沁旗境内，属中温带干旱、半干旱大陆性气候。春季干旱多风，夏季温热、雨水不均，秋季凉爽、霜雪早，冬季寒冷漫长；土壤以栗钙土为主，其间有风沙土，适合樟子松生长。其地理坐标为东经 118°03′—118°48′，北纬 44°18′—44°34′。该自然保护区内的樟子松林为人工林，适宜的气候和土壤等条件为樟子松林提供了生长条件。

内蒙古自治区乌兰察布市蛮汉山位于凉城县东十号乡境内，山体宏伟，风景秀丽。其最具特色的是二龙什台和鹞崂台两个大峡谷，峡谷区生长着云杉、华山松、樟子松、黄波罗等珍贵树种，瓮郁苍翠，荫盖四野，具有重要的生态价值。内蒙古自治区乌兰察布市蛮汉山的地理坐标为东经 112°18′—112°20′，北纬 40°39′—40°41′，其樟子松林为人工林。

呼和浩特市是中华人民共和国内蒙古自治区首府。呼和浩特市地处中国华北地区、北部边疆、欧亚大陆内部，是连接黄河经济带、亚欧大陆桥、环渤海经济区域的重要桥梁，也是中国向蒙古国、俄罗斯开放的重要沿边中心城市。内蒙古自治区呼和浩特市树木园的地理坐标为东经 111°42′—111°43′，北纬 40°48′—40°50′，其樟子松林为人工林。

本书内容分为子囊菌门、担子菌门、变形虫门 3 篇，在撰写时采用形态学分类方法，按分类等级顺序对大型菌物分类排列。书中图鉴部分采用原色图片配文介绍的形式，从菌物的名称、拉丁学名、采集地点、经纬度（指采集地点经纬度）、生境、特征、价值、评估等级（指濒危评估等级）、分布等相关信息进行描述。本书包括3门5纲14目41科（其中1科为未定科）77属153种。其中菌物界包括子囊菌门4科5属6种与担子菌门36科（其中1科为未定科）71属146种，原生动物界包括变形虫门1科1属1种。

该书填补了内蒙古地区樟子松林内大型真菌种类方面的研究空白，有利于促进和推动樟子松林内野生大型真菌的开发和利用，也可供大专院校师生、生物科学研究人员、食药用菌、菌物资源管理与开发的工作者参考使用。

为便于读者了解本书图谱中各类大型真菌在相关分类系统中的地位与亲缘关系，本书包括的153种大型真菌在现代菌物分类系统中的地位如下，供读者参考。

本书大型真菌的编排及分类学地位

担子菌门（Basidiomycota）

蘑菇纲（Agaricomycetes）

蘑菇目（Agaricales）

蘑菇科（Agaricaceae）

蘑菇属（*Agaricus*）

灰球菌属（*Bovista*）

青褶伞属（*Chlorophyllum*）

鬼伞属（*Coprinus*）

环柄菇属（*Lepiota*）

白环伞属（*Leucoagaricus*）

马勃属（*Lycoperdon*）

微皮伞属（*Marasmiellus*）

栓皮树丝马勃属（*Mycenastrum*）

鹅膏科（Amanitaceae）

鹅膏属（*Amanita*）

粪伞科（Bolbitiaceae）

锥盖伞属（*Conocybe*）

丝膜菌科（Cortinariaceae）

丝膜菌属（*Cortinarius*）

粉褶菌科（Entolomataceae）

斜盖伞属（*Clitopilus*）

小斜伞属（*Clitocella*）

轴腹菌科（Hydnangiaceae）

蜡蘑属（*Laccaria*）

蜡伞科（Hygrophoraceae）

湿伞属（*Hygrocybe*）

蜡伞属（*Hygrophorus*）

未定科（Incertae sedis）

白（杯）伞属（*Leucocybe*）

丝盖伞科（Inocybaceae）

丝盖伞属（*Inocybe*）

离褶伞科（Lyophyllaceae）

离褶伞属（*Lyophyllum*）

小皮伞科（Marasmiaceae）

小阿森尼伞属（*Atheniella*）

小皮伞属（*Marasmius*）

小菇科（Mycenaceae）

小菇属（*Mycena*）

类脐菇科（Omphalotaceae）

裸脚伞属（*Gymnopus*）

泡头菌科（Physalacriaceae）

蜜环菌属（*Armillaria*）

光柄菇科（Pluteaceae）

光柄菇属（*Pluteus*）

小脆柄菇科（Psathyrellaceae）

小鬼伞属（*Coprinellus*）

拟鬼伞属（*Coprinopsis*）

厚囊伞属（*Homophron*）

近地伞属（*Parasola*）

小脆柄菇属（*Psathyrella*）

锁瑚菌属（*Clavulina*）

伏革菌目（Corticiales）

 伏革菌科（Corticiaceae）

  伏革菌属（*Corticium*）

多孔菌目（Polyporales）

 拟层孔菌科（Fomitopsidaceae）

  薄皮孔菌属（*Ischnoderma*）

 干朽菌科（Mcruliaceae）

  柄杯菌属（*Podoscypha*）

 多孔菌科（Polyporaceae）

  皮多孔菌属（*Aurantiporus*）

  层孔菌属（*Fomes*）

  褶孔菌属（*Lenzites*）

  栓菌属（*Trametes*）

黏褶菌目（Gloeophyllales）

 黏褶菌科（Gloeophyllaceae）

  黏褶菌属（*Gloeophyllum*）

钉菇目（Gomphales）

 钉菇科（Gomphaceae）

  枝瑚菌属（*Ramaria*）

 铆钉菇科（Gomphidiaceae）

  色铆钉菇属（*Chroogomphus*）

  暗锁瑚菌属（*Phaeoclavulina*）

红菇目（Russulales）

 耳匙菌科（Auriscalpiaceae）

  悬革菌属（*Artomyces*）

 红菇科（Russulaceae）

  乳菇属（*Lactarius*）

  红菇属（*Russula*）

 韧革菌科（Stereaceae）

黏菌纲（Myxogastrea）

无丝目（Liceida）

筒菌科（Tubiferaceae）

粉瘤菌属（*Lycogala*）

本书中的濒危评估主要依据《中国生物多样性红色名录——大型真菌卷》的等级：灭绝（Extinct，EX）、野外灭绝（Extinct in the Wild，EW）、极危（Critically Endangered，CR）、濒危（Endangered，EN）、易危（Vulnerable，VU）、近危（Near Threatened，NT）、无危（Least Concern，LC）、数据不足（Data Deficient，DD）、未予评估（Not Evaluated，NE），共 9 个等级。

在调查研究和本书撰写过程中，得到内蒙古农业大学林学院、内蒙古林业和草原有害生物防治检疫总站、内蒙古满洲里市林业和草原局森防站等部门的大力支持和帮助，并得到内蒙古林业和草原有害生物防治检疫总站对著作出版的资助。内蒙古农业大学林学院森林保护专业研究生白慧、史东明、王义贺、房钰欣、蒋萌萌、兰佳贺、孟达和本科生林任杰等参与了标本的采集、鉴定，稿件的整理、图片处理、校稿等工作，同时各地区林业和草原局、保护区、公园的领导及工作人员在野外调查、资料收集等方面提供了大力帮助，特别是内蒙古农业大学林学院森林保护专业硕士研究生白慧和本科生林仁杰在稿件的文字录入、图片编辑、排版和整理方面做了大量的工作，在此一并表示衷心感谢！

由于作者经验有限，书中仍存在着一些疏漏和不足之处，恳请广大读者提出宝贵意见。

作　者

2024 年 1 月

目　　录

第 1 篇　担子菌门

第 2 篇　子囊菌门

第 3 篇　变形虫门

第 14 章　黏菌纲（无丝目） ……………………………………… 155

参考文献 ……………………………………………………… 157

名词索引 ……………………………………………………… 159

第 1 篇

担子菌门

第 1 章 蘑菇纲（蘑菇目）

1.1 蘑菇科—蘑菇属

赭鳞蘑菇（*Agaricus subrufescens*）

采集地点：内蒙古自治区锡林郭勒盟西乌珠穆沁旗古日格斯台国家级自然保护区；内蒙古自治区兴安盟阿尔山市；内蒙古自治区呼伦贝尔市鄂温克族自治旗内蒙古红花尔基樟子松国家森林公园。

经纬度：44.389 5N，118.275 1E；47.297 9N，119.692 5E；49.055 4N，120.457 0E。

海拔：1 291.61 m；248.14 m；680.94 m。

生境：夏、秋季生于林内地上，单生、群生或近丛生。

特征：菌盖直径为 5～15 cm，呈扁半球形，有的平展，呈白色、污白色至浅红褐色，表面有浅褐色至红褐色鳞片，鳞片向外渐稀，干燥时边缘开裂。菌肉呈白色至污白色，较薄。菌褶稠密，初期呈白色，后变粉红色，最后呈栗褐色至黑褐色。菌柄呈圆柱形，与菌盖同色，菌环以下具鳞片，基部稍膨大，内部松软，后变中空。菌环上位，呈白色，大，双层，膜质。赭鳞蘑菇如图 1.1 所示。

价值：可食用；可药用。

评估等级：DD。

分布：内蒙古、安徽、浙江、江西等地区。

注：赭鳞蘑菇又称作褐鳞蘑菇。

（a）

（b）

图 1.1　赭鳞蘑菇

污白蘑菇（*Agaricus excelleus*）

采集地点：内蒙古自治区锡林郭勒盟西乌珠穆沁旗古日格斯台国家级自然保护区；内蒙古自治区通辽市科尔沁左翼后旗甘旗卡镇双合尔公园。

经纬度：44.389 5N，118.275 2E；42.562 3N，122.202 9E。

海拔：1 291.67 m；265.42 m。

生境：夏、秋季生于针阔叶林内地上，单生、散生或群生。

特征：子实体中等大至较大。菌盖直径为 6～11 cm，初期呈半球形至扁半球形，呈灰白色或浅黄白色，表面有褐色细小鳞片，中部色深呈褐色，边缘呈灰白色。菌肉呈白色，稍厚。菌褶呈锈红色，密集，离生，后期呈黑色。菌柄呈圆柱形，长 5～7 cm，粗 1～1.5 cm，呈白色，光滑，内实至松软。菌环位于菌柄中上部，双层。污白蘑菇如图 1.2 所示。

价值：可食用，味一般。

评估等级：无。

分布：新疆、河北、内蒙古等地区。

图 1.2　污白蘑菇

拟白林地蘑菇（*Agaricus silvicolae-similis*）

采集地点：内蒙古自治区通辽市科尔沁左翼后旗甘旗卡镇双合尔公园。

经纬度：42.562 3N，122.202 9E。

海拔：265.42 m。

生境：夏、秋季生于松树林或混交林内草地上，单生、散生或群生。

特征：子实体中等大或略大。菌盖直径为 5～10 cm，初期呈扁半球形，后渐平展，呈白色或灰白色，有时中部呈淡褐黄色，覆具有平伏的丝状纤毛，边缘时常开裂。菌肉呈白色，略厚。菌褶初为白色，渐变为粉红色，后期呈褐色、黑褐色，密集，离生，不等长。菌柄呈污白色，松软到中空，接近圆柱形，基部略膨大。菌环上位，为单层，呈白色，膜质。拟白林地蘑菇如图 1.3 所示。

价值：可食用。

评估等级：DD。

分布：华中、华北等地区。

图 1.3　拟白林地蘑菇

灰白褐蘑菇（*Agaricus pilatianus*）

采集地点：内蒙古自治区赤峰市喀喇沁旗旺业甸实验林场。

经纬度：41.396 6N，118.220 1E。

海拔：1 039.48 m。

生境：秋季生于松树林内地上，单生、散生或群生。

特征：子实体中等大或稍大。菌盖直径为 5～10 cm，初期呈扁球形，呈白色，被有微细纤毛，后期近平展，中部稍凸，被有浅灰褐色细状鳞片。菌肉呈白色。菌褶初期呈粉红色，后期呈赭褐色。菌柄基部稍大，内松软。菌环上位，膜质。灰白褐蘑菇如图 1.4 所示。

价值：有记载称其可食用，但当地群众不采食。

评估等级：LC。

分布：内蒙古、青海、河北等地区。

图 1.4　灰白褐蘑菇

1.2 蘑菇科—灰球菌属

长孢灰球菌（*Bovista longispora*）

采集地点：内蒙古自治区锡林郭勒盟西乌珠穆沁旗古日格斯台国家级自然保护区。

经纬度：44.389 5N，118.275 1E。

海拔：1 291.61 m。

生境：夏、秋季生于林内地上。

特征：担子果近球形，直径为 1.5～2.5 cm。无不孕基部，以白色根状菌索固着在基物上。外包被有白色至淡褐色粒状小疣，脱落后露出薄而膜质的内包被，呈茶褐色至栗褐色，有时有不明显的网纹。长孢灰球菌如图 1.5 所示。

价值：不明。

评估等级：LC。

分布：内蒙古、吉林、江苏、甘肃、四川、云南等地区。

图 1.5 长孢灰球菌

1.3 蘑菇科—青褶伞属

伞菌状青褶伞（*Chlorophyllum agaricoides*）

采集地点：内蒙古自治区锡林郭勒盟西乌珠穆沁旗古日格斯台国家级自然保护区。

经纬度：44.389 5N，118.275 1E。

海拔：1 291.61 m。

生境：秋季生于沙质草地、林地和草原上，单生、散生或群生。

特征：担子果直径为 3～4 cm，高 3～6 cm，呈卵形到扁球形。菌柄短而明显，直径为 1～1.5 cm，倒圆锥形，向上伸长到包被顶端，形成中轴。外包被呈白色到浅黄色，单层，先期光滑，后期出现鳞片，沿基部与柄相连处开裂。伞菌状青褶伞如图 1.6 所示。

价值：不明。

评估等级：LC。

分布：内蒙古、香港、台湾、海南等地区。

图 1.6　伞菌状青褶伞

1.4 蘑菇科—鬼伞属

粪鬼伞（*Coprinus sterquilinus*）

采集地点：内蒙古自治区通辽市科尔沁左翼后旗甘旗卡镇双合尔公园。

经纬度：42.569 2N，122.202 9E。

海拔：269.92 m。

生境：粪生。

特征：子实体小。菌盖直径为 2～4 cm，高 3～5 cm，初期呈短圆形或椭圆形，呈纯白色，具有鳞片，后变为圆锥形，渐平展后呈伞形，呈灰色，中部呈淡褐色，边缘具有明显的棱纹。菌褶初期呈灰白色，后变为褐色至黑色而自溶为黑汁状。菌柄呈白色，受伤后变污，长 5～11 cm，粗 0.3～0.5 cm，基部略弯曲膨大。菌环位于菌柄基部，呈白色，膜质，窄。粪鬼伞如图 1.7 所示。

价值：不明。

评估等级：LC。

分布：内蒙古、河北、山西、江苏、广西等地区。

图 1.7　粪鬼伞

1.5　蘑菇科—环柄菇属

貂皮环柄菇（*Lepiota erminea*）

采集地点：内蒙古自治区兴安盟阿尔山市。

经纬度：47.103 7N，119.568 7E。

海拔：248.74 m。

生境：秋季生于林内草地上，单生或散生。

特征：子实体较小。菌盖直径为 3～5 cm，初期呈半球形，后展开中部略圆凸，具棕褐色丛毛鳞片，鳞片由中心向边缘减少。菌褶呈乳白色至肉粉色，密集，离生，不等长。菌柄呈圆柱形，长 5～7 cm，粗 0.5～1 cm，肉粉色，基部略膨大，上部平滑，下部具纤毛。菌环呈白色，膜质，单层，易脱落消失。貂皮环柄菇如图 1.8 所示。

价值：可食用，但当地群众不采食。

评估等级：LC。

分布：山东、河北、内蒙古等地区。

图 1.8　貂皮环柄菇

梭孢环柄菇（*Lepiota magnispora*）

采集地点：内蒙古自治区兴安盟阿尔山市；内蒙古自治区锡林郭勒盟西乌珠穆沁旗古日格斯台国家级自然保护区。

经纬度：47.103 7N，119.560 7E；44.345 2N，118.034 5E。

海拔：245.24 m；1 291.61 m。

生境：夏、秋季生于林内、林缘及草地上，散生或单生。

特征：子实体小。菌盖直径为 2～4 cm，后期接近平展或边缘略上翘，表面呈白色至黄白色，具有暗黄色或褐色鳞片，中部颜色深，边缘色淡或具有条棱。菌肉呈白色，薄或中部略厚。菌褶呈纯白色或污白色带黄色，离生，较稠密。菌柄细长，等粗，呈白色，具有明显毛状或棉毛状鳞片。菌环接近丝膜状。孢子印呈白色。孢子光滑，呈长梭形，歪斜，无色。梭孢环柄菇如图1.9所示。

价值：可食用。

评估等级：LC。

分布：内蒙古、西藏、香港等地区。

图1.9 梭孢环柄菇

冠状环柄菇（*Lepiota cristata*）

采集地点：内蒙古自治区呼伦贝尔市鄂温克族自治旗内蒙古红花尔基樟子松国家森林公园。

经纬度：48.164 3N，120.010 9E。

海拔：680.94 m。

生境：夏、秋季生于林内、路边或草坪地上，单生或群生。

特征：菌盖直径为2～4 cm，初期呈钟形至馒头形，后平展，中央具钝的红褐色光滑凸起，表面被淡褐色至红褐色或褐色鳞片，鳞片常呈环带状排列。菌肉呈白色，薄，具令人作呕的气味。菌褶离生，呈乳白色，不等长。菌柄近圆柱形，长2～5 cm，呈白色，后期呈肉褐色。菌环上位，呈白色，易脱落。冠状环柄菇如图1.10所示。

价值：不明，有毒。

评估等级：LC。

分布：内蒙古、香港、河北、山西、江苏、湖南、甘肃、青海、西藏等地区。

注：冠状环柄菇又称作小环柄菇。

图1.10 冠状环柄菇

灰褐鳞环柄菇（*Lepiota fusciceps*）

采集地点：内蒙古自治区通辽市科尔沁左翼后旗甘旗卡镇双合尔公园。

经纬度：42.573 4N，122.202 9E。

海拔：265.76 m。

生境：夏、秋季生于肥沃的林内地上，丛生或群生。

特征：子实体小。菌盖直径为2～3 cm，初期近球形至半球形，后渐近平展，中央稍凸起，边缘向下内卷，表面有暗褐色至深褐色鳞片，鳞片近放射状分布。菌肉呈淡黄色，伤处不变色，薄。菌褶呈淡黄色，离生，不等长。菌柄呈圆柱形，质脆，长2～4 cm。菌环位于菌柄中部，呈窄的一条边，易脱落。灰褐鳞环柄菇如图1.11所示。

价值：不明，食用毒性也不明。

评估等级：LC。

分布：北京、河北、江苏、云南、青海、西藏、内蒙古等地区。

图1.11　灰褐鳞环柄菇

1.6　蘑菇科－白环伞属

鳞白环蘑（*Leucoagaricus leucothites*）

采集地点：内蒙古自治区通辽市科尔沁左翼后旗甘旗卡镇双合尔公园。

经纬度：42.573 4N，122.202 9E。

海拔：265.76 m。

生境：秋季生于松树林内地上，单生或散生。

特征：子实体较小或中等大。菌盖直径为 2～4 cm，初期呈扁半球形，后平展或中部稍凸起，中部色深呈暗褐色，边缘为白色，表面平滑或有浅黄色细鳞。菌肉呈白色，薄。菌褶呈白色，离生，不等长。菌环上位。菌柄长 4～6 cm，菌环以上光滑，菌环以下具白色小鳞片，基部明显膨大。鳞白环蘑如图 1.12 所示。

价值：不明，食用毒性也不明，慎食。

评估等级：LC。

分布：内蒙古、辽宁、黑龙江、吉林等地区。

图 1.12　鳞白环蘑

1.7 蘑菇科—马勃属

梨形马勃（*Lycoperdon pyriforme*）

采集地点：内蒙古自治区乌兰察布市蛮汉山。

经纬度：40.380 2N，112.170 6E。

海拔：1 682.68 m。

生境：夏、秋季生于松、桦等针阔叶林内地上，单生、群生或丛生。

特征：子实体小，高 2～3.5 cm，上部呈扁球形，向下渐细，有一短柄如梨形。不孕基部发达，由白色菌丝束固定于基物上，初期包被色淡，后期呈茶褐色至暗烟灰色，外包被具微细颗粒状小疣，成熟后顶部中央外包被破裂为一网形的小口。梨形马勃如图 1.13 所示。

价值：幼时可食用，成熟后包内充满孢粉，不宜食用；可药用，用于止血。

评估等级：DD。

分布：内蒙古、河北、辽宁、安徽等地区。

图 1.13　梨形马勃

网纹马勃（*Lycoperdon perlatum*）

采集地点：内蒙古自治区兴安盟阿尔山市；内蒙古自治区呼伦贝尔市鄂温克族自治旗内蒙古红花尔基樟子松国家森林公园。

经纬度：47.103 7N，119.563 7E；49.055 4N，120.457 0E。

海拔：240.59 m；680.94 m。

生境：夏、秋季于林内地上，有时生于腐木上，单生或群生。

特征：担子果直径为 1.6～4 cm，高 2.5～7 cm，呈倒卵形至陀螺形，初期呈白色，后变为灰黄色至黄褐色。不孕基部较发达，有时伸长如柄。外包被由多数小疣组成，疣间混生有较大且脱落的刺，刺脱落后显出淡色、光滑的斑点和网纹。孢子呈青黄色，后变为褐色，有时稍带紫色。网纹马勃如图 1.14 所示。

价值：幼时可食用。

评估等级：LC。

分布：内蒙古、河北、山西、黑龙江、吉林、辽宁、江苏、安徽、浙江、江西、福建、台湾、河南、广东、香港、海南、广西、陕西、甘肃、青海、新疆、四川、云南、西藏等地区。

注：网纹马勃又称作网纹灰孢。

图 1.14　网纹马勃

草地马勃（*Lycoperdon pratense*）

采集地点：内蒙古自治区兴安盟阿尔山市。

经纬度：47.103 7N，119.563 7E。

海拔：240.59 m。

生境：夏、秋季生于林缘草地上，单生、散生或群生。

特征：子实体较小，呈宽陀螺形或接近扁球形，直径为 3～5 cm，高 3～7 cm，初期呈白色或污白色，成熟后呈灰褐色或茶褐色。外包被由白色小疣状短刺组成，后期脱落后露出光滑的内包被。内部孢粉幼时呈白色，后呈黄白色，成熟后呈茶褐灰色或咖啡色。子实体成熟后从顶部破裂形成孔口，从孔口散发孢子。草地马勃如图 1.15 所示。

价值：幼嫩时可食用，老后因充满孢丝和孢粉而不宜食用。

评估等级：DD。

分布：广东、福建、河北、云南、新疆、西藏、内蒙古等地区。

图 1.15　草地马勃

白刺马勃 (*Lycoperdon wrightii*)

采集地点：内蒙古自治区兴安盟阿尔山市；内蒙古自治区呼伦贝尔市鄂温克族自治旗内蒙古红花尔基樟子松国家森林公园；内蒙古自治区通辽市科尔沁左翼后旗甘旗卡镇双合尔公园。

经纬度：47.103 7N，119.563 7E；49.055 4N，120.457 0E；42.562 3N，122.202 9E。

海拔：240.59 m；680.94 m；265.42 m。

生境：生于林内地上，多丛生。

特征：子实体较小，高 4.0～6.5 cm，直径为 2.5～4.6 cm，呈倒卵形至陀螺形，初期呈近白色，后期呈黄色。外包被有密集的白色小刺，其尖端聚合呈角锥形，后期小刺脱落，露出淡色的内包被。孢子青黄色，不孕基部小或无。白刺马勃如图 1.16 所示。

经济：可药用，用于止血、消炎、解毒。

评估等级：DD。

分布：全国。

图 1.16　白刺马勃

赭色马勃（*Lycoperdon umbrinum*）

采集地点：内蒙古自治区呼伦贝尔市鄂温克族自治旗内蒙古红花尔基樟子松国家森林公园。

经纬度：48.163 4N，120.049 7E。

海拔：664.32 m。

生境：夏、秋季生于林内地上。

特征：担子果呈梨形或陀螺形，高 2～6 cm，宽 2～4 cm。不孕基部发达，呈蜜黄色、茶褐色至浅烟色。外包被呈粉粒状或粉刺状，不易脱落，衰老时只有一部分脱落，露出光滑的内包被。内包被薄，呈褐色。孢子初期呈青黄色，后期呈栗褐色，呈粉末状或棉絮状。赭色马勃如图 1.17 所示。

价值：幼时可食用；可药用。

评估等级：LC。

分布：全国。

图 1.17　赭色马勃

1.8 蘑菇科—微皮伞属

褐白微皮伞（*Marasmiellus albofuscus*）

采集地点：内蒙古自治区呼和浩特市树木园。

经纬度：40.482 8N，111.423 9E。

海拔：1 058.79 m。

生境：秋季生于林内倒地腐木或落地枝干上，单生或群生，属木腐菌。

特征：子实体较小。菌盖直径为 2～4 cm，初期呈近圆锥形、钟形，后渐平展，中部凸起，边缘稍内卷，呈灰褐色至暗褐色，近光滑或稍具深色纤毛状鳞片。菌肉呈白色，薄。菌褶呈乳白色稍带粉红色，稍稀，弯生，不等长。菌柄呈近圆柱形，似扭曲，长 3～5 cm，粗 0.2～0.4 cm，上部为灰白色，下部与菌盖同色，被有纤毛，脆，内实至松软。褐白微皮伞如图 1.18 所示。

价值：不明，食用毒性也不明，慎食。

评估等级：LC。

分布：广东、香港、内蒙古等地区。

图 1.18 褐白微皮伞

1.9 蘑菇科—栓皮树丝马勃属

皮树丝马勃（*Mycenastrum corium*）

采集地点：内蒙古锡林郭勒盟西乌珠穆沁旗古日格斯台国家级自然保护区。

经纬度：44.389 5N，118.275 1E。

海拔：1 291.61 m。

生境：秋季生于草原、林地和路旁草地上，单生或群生。

特征：担子果近球形，直径为 4～15 cm，高 3～10 cm。基部收缩有皱褶，有菌索与基物相连。外包被软，呈白色，渐脱落，部分残留如鳞片。内包被栓质，上部常呈星状或不规则开裂。孢子初期呈青黄色，后变为浅烟色。皮树丝马勃如图 1.19 所示。

价值：幼时可食用；孢粉可药用，有止血、消肿、清肺、利喉、解毒作用，可治疗慢性扁桃体炎、咽喉肿痛、声音嘶哑、外伤出血、冻疮流水、流脓、感冒咳嗽等。

评估等级：LC。

分布：东北、华北及新疆、青海、宁夏等地区。

图 1.19　皮树丝马勃

1.10 鹅膏科—鹅膏属

毒蝇鹅膏菌（*Amanita muscaria*）

采集地点：内蒙古自治区锡林郭勒盟西乌珠穆沁旗古日格斯台国家级自然保护区；内蒙古自治区兴安盟阿尔山市；内蒙古自治区呼伦贝尔市鄂温克族自治旗内蒙古红花尔基樟子松国家森林公园。

经纬度：44.389 5N，118.275 1E；47.297 9N，119.692 5E；49.055 4N，120.457 0E。

海拔：1 291.61 m；248.14 m；680.94 m。

生境：夏秋季生于林内地上，群生，与树木形成外生菌根。

特征：菌盖直径为 6～20 cm，呈红色或橘红色，具有白色或略带黄色的颗粒状鳞片，边缘具有短条纹。菌肉呈白色，厚，接近菌盖表皮处呈红色。菌褶呈白色，离生。菌柄呈柱形，长 10～20 cm，粗 1～2.5 cm，呈白色，表面具有小鳞片，基部略膨大呈球形，具有数圈由白色絮状颗粒组成的菌托。菌环上位，呈白色，膜质，下垂。毒蝇鹅膏菌如图 1.20 所示。

价值：可药用；致神经精神型中毒毒菌。

评估等级：LC。

分布：内蒙古、辽宁、江苏、安徽、台湾、河南、陕西、贵州、云南等地区。

注：毒蝇鹅膏又称作鹅膏、蛤蟆菌、毒蝇菌。

图 1.20　毒蝇鹅膏菌

黄毒蝇鹅膏菌（*Amanita flavoconia*）

采集地点：内蒙古自治区兴安盟阿尔山市。

经纬度：47.103 7N，119.563 8E。

海拔：240.56 m。

生境：秋季生于针叶林和混交林内地上，单生或散生。

特征：子实体中等大。菌盖直径为 5～10 cm，初期呈半球形至圆锥形，后期中部稍凸起或近平展，呈橙黄色，光滑，湿时黏，边缘具短条纹。菌肉呈白色至淡黄色，较薄。菌褶离生，呈乳白色至淡黄色，较密，稍宽，不等长。菌柄为柱形，长 6～10 cm，粗 1～1.5 cm，呈白色至淡黄色，被有淡黄色鳞片，基部稍膨大，内部松软至空心。菌环上位，膜质，薄。菌托较小，呈苞片状，呈浅土黄色。黄毒蝇鹅膏菌如图 1.21 所示。

价值：不明，有毒，可能含有类似毒蝇蛾膏菌的毒素。

评估等级：DD。

分布：河北、西藏、内蒙古等地区。

图 1.21　黄毒蝇鹅膏菌

赤褐鹅膏菌（*Amanita fulva*）

采集地点：内蒙古自治区呼伦贝尔市鄂温克族自治旗内蒙古红花尔基樟子松国家森林公园。

经纬度：48.164 3N，120.019 9E。

海拔：683.64 m。

生境：夏、秋季生于松树林内地上，单生或群生。

特征：子实体中等大。菌盖直径为 7～10 cm，初期呈卵圆形至钟形，后渐平展而中部稍凸，呈棕色或带土黄色，光滑，稍黏，边缘具有明显长条纹。菌肉呈白色或乳白色，较薄。菌褶离生，呈乳白色至淡黄色。菌柄为柱形，长 8～11 cm，粗 1～1.5 cm，呈淡黄色，较光滑或有粉粒，基部稍粗，内部松软至空心。菌托较大，呈苞状，呈浅土黄色。赤褐鹅膏菌如图 1.22 所示。

价值：不明，不可食用，有毒。

评估等级：LC。

分布：内蒙古、河南、黑龙江、福建、海南、西藏、广西、云南、四川、甘肃等地区。

图 1.22　赤褐鹅膏菌

球基鹅膏菌（*Amanita subglobosa*）

采集地点：内蒙古自治区赤峰市喀喇沁旗旺业甸林场。

经纬度：41.396 6N，118.220 8E。

海拔：1 031.11 m。

生境：夏、秋季生于松树、杨树、壳斗科植物混交林内地上。

特征：菌盖直径为 4～7 cm，呈浅褐色至琥珀褐色，有白色至浅黄色角锥状鳞片，边缘有短条纹。菌肉大部分呈白色，较薄，靠近菌盖表皮处呈浅黄褐色。菌柄呈近圆柱形，长 8～10 cm，粗 8～15 mm，呈白色，表面有纤丝或小片，基部呈近球形。菌环上位，呈白色，膜质，下垂。球基鹅膏菌如图 1.23 所示。

价值：不明，毒菌，致神经精神型中毒毒菌。

评估等级：LC。

分布：福建、内蒙古等地区。

图 1.23　球基鹅膏菌

橙盖鹅膏菌（*Amanita caesarea* var. *alba*）

采集地点：内蒙古自治区兴安盟阿尔山市。

经纬度：47.103 7N，119.563 7E。

海拔：240.59 m。

生境：秋季生于林缘或林内地上，单生或散生，属外生菌根菌。

特征：子实体大。菌盖直径为 5～10 cm，初期呈卵圆形，呈白色至乳白色，后渐平展而中部凸起并带淡黄色，光滑，边缘具明显条纹。菌肉呈乳白色，薄。菌褶呈白色，密，离生，不等长。菌柄为圆柱形，长 8～12 cm，粗 1～2 cm，呈白色，光滑或具纤毛，内部松软至空心。菌环上位，呈白色，下垂，上面有细条纹，易脱落。菌托大，呈白色，呈苞状。橙盖鹅膏菌如图 1.24 所示。

价值：不明。

评估等级：DD。

分布：内蒙古、湖北、河南、四川、云南、广东、西藏等地区。

图 1.24　橙盖鹅膏菌

1.11 粪伞科—锥盖伞属

石灰锥盖伞（*Conocybe siliginea*）

采集地点：内蒙古自治区通辽市科尔沁左翼后旗甘旗卡镇双合尔公园。

经纬度：42.563 9N，122.202 7E。

海拔：267.93 m。

生境：夏、秋季生于肥沃的腐殖质地上，单生或散生。

特征：子实体小。菌盖直径为 2～3 cm，初期呈卵圆形或钟形，渐呈伞形，薄、脆，展开后中部稍凸起，呈灰白色至粉灰色，有放射状细长条棱。菌肉呈污白色，薄，无明显气味。菌褶离生，密或稍密，不等长，初期呈粉白色，后期呈粉褐色至浅锈色。菌柄细长，长 6～12 cm，粗 0.3～0.5 cm，呈粉白色，幼时上部表面有细粉粒，中下部有纵条纹，基部稍膨大、内部空心。石灰锥盖伞如图 1.25 所示。

价值：不明，食用毒性也不明，不可食用。

评估等级：DD。

分布：内蒙古、四川、黑龙江等地区。

图 1.25　石灰锥盖伞

柔弱锥盖伞（*Conocybe tenera*）

采集地点：内蒙古自治区兴安盟阿尔山市。

经纬度：47.103 7N，119.563 7E。

海拔：240.59 m。

生境：夏、秋季生于山坡草地、田边、路边和林缘草地，单生或群生。

特征：菌盖直径为 0.8～2.5 cm，呈圆锥形至钟形，呈土褐色至红褐色，干后呈淡黄色，湿时边缘呈现放射状条纹。菌肉很薄。菌褶直生，稍密，呈肉桂褐色。菌柄长 3～5 cm，粗 1～2 mm，上下近等粗或基部稍膨大，与菌盖同色，具细纵条纹，有白色细粉粒，中空。柔弱锥盖伞如图 1.26 所示。

价值：不明，有毒。

评估等级：DD。

分布：内蒙古、山西、江苏、福建等地区。

图 1.26 柔弱锥盖伞

卵形锥盖伞（*Conocybe subovalis*）

采集地点：内蒙古自治区乌兰察布市蛮汉山。

经纬度：40.592 6N，113.072 6E。

海拔：2 130.34 m。

生境：夏、秋季生于槐树等叶林地上，单生或散生。

特征：子实体较小。菌盖直径为 3～4 cm，初期呈半球形，中部圆凸呈土黄色，被土黄色纤毛，后期展开中部圆凸，边缘波状或开裂。菌肉呈灰白色，薄。菌褶离生，稍密，初期呈灰白色，后期呈土褐色。菌柄不等长，呈柱形，长 4～7 cm，粗 0.3～0.5 cm，上部呈白色并有纤毛，下部呈近灰色，光滑基部稍膨大。卵形锥盖伞如图 1.27 所示。

价值：不明，不可食用，误食后会引起胃肠炎等病症。

评估等级：DD。

分布：青海、西藏、辽宁、内蒙古等地区。

图 1.27　卵形锥盖伞

1.12　丝膜菌科—丝膜菌属

黏柄丝膜菌（*Cortinarius collinitus*）

采集地点：内蒙古自治区兴安盟阿尔山市。

经纬度：47.103 7N，119.563 7E。

海拔：240.59 m。

生境：秋季生于混交林内地上，群生。

特征：子实体小至中等大。菌盖直径为 4～10 cm，呈淡土黄色至黄褐色，黏滑，边缘平滑无条纹，但有丝膜。菌肉呈近白色。菌褶初期呈土黄色，后期呈褐色，弯生，不等长，中间较宽。菌柄长 6～11 cm，粗 0.8～1.5 cm，呈污白色，下部带紫色，黏滑，有环状鳞片。孢子印呈锈褐色。黏柄丝膜菌如图 1.28 所示。

价值：可食用，味较好。

评估等级：DD。

分布：内蒙古、黑龙江、吉林、四川、西藏、河北等地区。

注：黏柄丝膜菌又称作趟子蘑、黏腿丝膜菌。

图 1.28　黏柄丝膜菌

淡灰紫丝膜菌（*Cortinarius mairei*）

采集地点：内蒙古自治区兴安盟阿尔山市。

经纬度：47.103 7N，119.563 7E。

海拔：240.59 m。

生境：秋季生于针阔叶树倒木、枯树干或木桩上，丛生。

特征：子实体中等大或较大。菌盖直径为 5～11 cm，初期呈半球形，后渐扁平，中部稍圆凸，呈淡灰紫色或红褐色，有内生白色纤毛，边缘的纤毛更明显，边缘稍上翘。菌肉呈淡紫色，厚，有香气味。菌褶呈灰紫色或暗红色，直生至弯生，稍密，不等长。菌柄长 5～9 cm，粗 1～2 cm，呈浅灰紫色，有丝膜痕迹，后期基部呈近杵形，实心。淡灰紫丝膜菌如图 1.29 所示。

价值：可食用，味较浓。

评估等级：无。

分布：内蒙古、山西等地区。

图 1.29　淡灰紫丝膜菌

扁盖丝膜菌（*Cortinarius tabularis*）

采集地点：内蒙古自治区兴安盟阿尔山市。

经纬度：47.103 7N，119.563 7E。

海拔：240.59 m。

生境：夏、秋季生于云杉等针叶林内地上，群生、丛生或散生，与树木形成外生菌根。

特征：子实体中等大。菌盖直径为 4～8 cm，呈土黄色至浅黄褐色，中部色稍深，黏，干时稍皱缩或稍有裂纹，边缘平滑且稍内卷。菌肉呈白色，味苦。菌褶呈灰白至肉桂色，直生，稍密，不等长。菌柄呈白色，内部松软至变空。扁盖丝膜菌如图 1.30 所示。

价值：不明。

评估等级：DD。

分布：内蒙古、黑龙江、吉林、辽宁等地区。

图 1.30　扁盖丝膜菌

春丝膜菌（*Cortinarius vernus*）

采集地点：内蒙古自治区兴安盟阿尔山市。

经纬度：47.103 7N，119.563 7E。

海拔：240.59 m。

生境：秋季生于阔叶林内地上，群生。

特征：菌盖直径为 0.5～4 cm，初期呈半球形，后期渐平展，中央具小凸起，呈灰褐色、深棕色至黑棕色，干后色深，边缘具条纹，湿时呈水渍状。菌肉与菌盖同色，薄。菌褶直生，不等长，较稀疏，与菌盖同色。菌柄呈圆柱形，长 2～5 cm，粗 0.2～0.5 cm，呈灰褐色至深棕色，等粗，具有细纤毛。春丝膜菌如图 1.31 所示。

价值：不明。

评估等级：不明。

分布：内蒙古、黑龙江、吉林、辽宁等地区。

图 1.31　春丝膜菌

烟灰褐丝膜菌（*Cortinarius anomalus*）

采集地点：内蒙古自治区呼伦贝尔市鄂温克族自治旗内蒙古红花尔基樟子松国家森林公园。

经纬度：48.164 3N，120.017 9E。

海拔：657.64 m。

生境：秋季生于混交林内地上，单生或散生。

特征：子实体较小或中等大。菌盖直径为 5～7 cm，呈棕色或暗灰紫色，初期呈半球形，后渐中部稍凸至扁平，被有纤毛状细条纹，边缘较平滑。菌肉呈污白色至灰褐色。菌褶呈粉红色至棕灰色，直生不等长。菌柄呈圆柱形，长 5～9 cm，粗 1～1.5 cm，稍弯曲，有纵条纹，较菌盖色浅，基部膨大呈棒状，被有污白色纤毛。烟灰褐丝膜菌如图 1.32 所示。

价值：不明，不可食。

评估等级：DD。

分布：全国。

图 1.32　烟灰褐丝膜菌

迷惑丝膜菌（*Cortinarius decipiens*）

采集地点：内蒙古自治区呼伦贝尔市鄂温克族自治旗内蒙古红花尔基樟子松国家森林公园。

经纬度：48.164 3N，120.019 9E。

海拔：683.64 m。

生境：秋季生于针阔叶林内地上，群生或簇生。

特征：菌盖直径为 1～3 cm，初时呈圆锥形，后期呈钟形，常沿中央凸起处之周围下凹，边缘有白色丝膜残余，表面光滑，呈灰褐色、葡萄酒褐色至锈褐色，凸起部分色深，边缘色淡，常具丝状光泽。菌肉呈淡锈褐色，薄。菌褶直生，稍密，初期呈赭黄色，后期呈肉桂褐色。菌柄为圆柱形，长 2～6 cm，粗 0.2～0.5 cm，内部松软，后中空，呈藕白色至淡黄色，具有丝状光泽。迷惑丝膜菌如图 1.33 所示。

价值：不明。

评估等级：DD。

分布：内蒙古、吉林、青海、山西、陕西等地区。

注：迷惑丝膜菌又称作亚褐晶丝膜菌。

图 1.33　迷惑丝膜菌

黄棕丝膜菌（*Cortinarius cinnamomeus*）

采集地点：内蒙古自治区赤峰市喀喇沁旗旺业甸林场。

经纬度：41.393 9N，118.220 4E。

海拔：1 052.21 m。

生境：秋季生于松树等针叶林内地上，单生或散生，与树木形成外生菌根。

特征：子实体小或中等大。菌盖直径为 4～8 cm，初期呈扁半球形，中部钝或稍有凸起，表面干，呈棕黄色，密被浅黄褐色小鳞片。菌肉呈浅黄色，薄。菌褶直生至弯生，稀，稍宽，不等长，呈灰褐色变至暗褐色。菌柄直形，略弯曲，长 5～8 cm，粗 1～1.5 cm，呈淡黄色，有灰色纤毛，伤处变暗色，内实至空心，基部附有黄色菌索。丝膜呈白色，丝毛状易消失。黄棕丝膜菌如图 1.34 所示。

经济：可食用；可药用，据报道，用于试验抗癌时，其对小白鼠肉瘤 s-180 的抑制率为 80%，对艾氏癌的抑制率为 90%。

等级评估：LC。

分布：内蒙古、黑龙江、吉林、四川、新疆、山西等地区。

图 1.34　黄棕丝膜菌

棕丝膜菌（*Cortinarius brunneus*）

采集地点：内蒙古自治区乌兰察布市蛮汉山。

经纬度：40.380 2N，112.170 4E。

海拔：1 691.67 m。

生境：秋季生于针叶树或混交林内地上，散生或群生，与树木形成外生菌根。

特征：子实体较小。菌盖直径为 4～8 cm，初期呈扁半球形至扁平，中部平凸，呈棕黄色或浅红色，有污白色点状片。菌肉呈黄色带红色，较厚。菌褶呈污黄色，直生，稀疏，不等长。菌柄呈柱形，长 4～8 cm，粗 1～12 cm，呈白色，被有纤毛状颗粒，内实，基部稍膨大。棕丝膜菌如图 1.35 所示。

价值：不明，食用毒性也不明，慎食。

评估等级：DD。

分布：内蒙古、黑龙江、吉林、辽宁等地区。

图 1.35　棕丝膜菌

高丝膜菌（*Cortinarius elatior*）

采集地点：内蒙古自治区乌兰察布市蛮汉山。

经纬度：40.380 2N，112.170 4E。

海拔：1 691.67 m。

生境：夏、秋季生于针阔叶林内地上，群生或散生，与树木形成外生菌根。

特征：菌盖直径为 4～9 cm，初期呈钟形或扁半球形，后平展，呈污黄色至黄褐色，中部色深，湿时胶黏，有放射状沟纹，边缘有丝膜。菌肉呈污黄色。菌褶弯生，呈锈褐色，不等长，中间较宽。菌柄长 7～15 cm，粗 1～1.5 cm，顶部及基部呈白色，中部呈污黄色，中间较粗，向下渐细，有细纵纹，黏。高丝膜菌如图 1.36 所示。

价值：可食用；可药用。

评估等级：DD。

分布：内蒙古、云南、台湾等地区。

图 1.36　高丝膜菌

钝顶丝膜菌（*Cortinarius obtusus*）

采集地点：内蒙古自治区乌兰察布市蛮汉山。

经纬度：40.380 2N，112.170 4E。

海拔高度：1 691.67 m。

生境：秋季生于松树等针叶林内地上，单生或散生，与树木形成外生菌根。

特征：子实体较小。菌盖直径为 3～6 cm，初期呈圆锥形，后期呈钟形至扁球形。顶部具有明显尖凸，初期呈红色，后渐变浅，呈褐色或棕红色，表面平滑，有纤毛条纹。菌肉呈浅褐色。菌褶呈褐锈色，直生或弯生。菌柄呈柱形，长 5～8 cm，粗 0.5～1 cm，向基部渐变细，上部呈浅黄色且表面有丝毛，下部呈棕色，松软至空心。钝顶丝膜菌如图 1.37 所示。

价值：不明，食用毒性也不明，慎食。

评估等级：DD。

分布：内蒙古、安徽、云南、湖南、辽宁、吉林等地区。

图 1.37　钝顶丝膜菌

1.13　粉褶菌科—斜盖伞属

密簇斜盖伞（*Clitopilus caespitosus*）

采集地点：内蒙古自治区通辽市科尔沁左翼后旗甘旗卡镇双合尔公园。

经纬度：42.563 9N，122.202 9E。

海拔：240.30 m。

生境：夏、秋季生于林内地上。

特征：子实体丛生。菌盖宽 5～8.5 cm，呈半球形至平展，中部常下凹，光滑，呈白色至乳白色，干后呈纯白色并具有丝状光泽，初期边缘内卷，伸展后呈瓣状开裂。菌肉呈白色，薄。菌褶呈白色，带粉红色，较密集，直生或延生，不等长，边缘常具有小锯齿。菌柄长 3～7 cm，粗 0.4～1 cm，上部具有细小鳞片，内部松软，易纵向开裂。孢子印粉红色。密簇斜盖伞如图 1.38 所示。

价值：可食用。

评估等级：LC。

分布：内蒙古、黑龙江、河北、江苏等地区。

图 1.38　密簇斜盖伞

1.14 粉褶菌科—小斜伞属

洁灰红褶菌（*Clitocella mundula*）

采集地点：内蒙古自治区呼伦贝尔市鄂温克族自治旗内蒙古红花尔基樟子松国家森林公园。

经纬度：48.163 2N，120.050 6E。

海拔：685.93 m。

生境：夏、秋季生于针阔叶林腐枝层上，散生或群生。

特征：子实体一般较小。菌盖直径为 2～4 cm，初期中部稍凸，整体扁平，后中部下凹呈漏斗状，呈污白色，后期生灰点或有纹，表面平滑无毛。菌肉呈污白色，近菌柄处带黑色，味苦。菌褶呈污白色，后呈粉红色至肉桂色，延生，密而窄，薄。菌柄长 4～8 cm，粗 0.5～2 cm，基部稍膨大，有絮状纤毛，内实变中空。洁灰红褶菌如图 1.39 所示。

价值：不明。

评估等级：DD。

分布：内蒙古、辽宁、吉林、云南等地区。

图 1.39 洁灰红褶菌

1.15　轴腹菌科—蜡蘑属

漆亮蜡蘑（*Laccaria laccata*）

采集地点：内蒙古自治区兴安盟阿尔山市；内蒙古自治区呼伦贝尔市鄂温克族自治旗内蒙古红花尔基樟子松国家森林公园。

经纬度：47.103 7N，119.563 7E；49.055 4N，120.457 0E。

海拔：240.59 m；680.94 m。

生境：夏、秋季生于林内地上或林外沙土地上，散生、群生或近丛生。

特征：菌盖直径为 2.5～4.5 cm，近扁半球形，后渐平展并上翘，中央下凹呈脐状，呈肉红色、淡红褐色或灰蓝紫色，光滑或近光滑，边缘波状并有粗条纹。菌肉与菌盖同色或呈粉褐色，薄。菌褶直生或近弯生，稀疏，不等长，与菌盖同色，附有白色粉末。菌柄呈圆柱形，长 3.5～8.5 cm，粗 3～8 mm，与菌盖同色，下部常弯曲，纤维质，内部松软。漆亮蜡蘑如图 1.40 所示。

价值：可食用；可药用。

评估等级：LC。

分布：内蒙古、江西、广西、山西、海南、台湾、西藏、青海、四川、云南、新疆等地区。

图 1.40　漆亮蜡蘑

灰酒红蜡蘑（*Laccaria vinaceoavellanea*）

采集地点：内蒙古自治区兴安盟阿尔山市。

经纬度：47.103 7N，119.563 7E。

海拔：240.59 m。

生境：秋季生于松树等针叶林内地上，单生或散生，属外生菌根菌。

特征：子实体较小。菌盖直径为 4～6 cm，初期呈扁半球形，后期近平展，中部稍凸或浅凹，呈淡土粉红色，具细纤毛，湿时为水浸状，边缘呈近波状，并具细条纹。菌肉呈淡肉红色，薄。菌褶呈淡粉红色，稀，宽，直生至稍延生。菌柄呈圆柱形，长 7～10 cm，粗 0.2～0.5 cm，上部色浅，中下部为暗褐色，有纤维状纵条纹。灰酒红蜡蘑如图 1.41 所示。

价值：可食用。

评估等级：LC。

分布：内蒙古、河北、云南、福建、山西、陕西等地区。

图 1.41　灰酒红蜡蘑

1.16 蜡伞科—湿伞属

颇尔松湿伞（*Hygrocybe persoonii*）

采集地点：内蒙古自治区乌兰察布市蛮汉山。

经纬度：40.380 2N，112.170 3E。

海拔：1 688.98 m。

生境：秋季生于松树林或混交林内地上，单生或散生。

特征：子实体中等大。菌盖直径为 5～8 cm，初期呈扁半球形，后期近平展，中部稍圆凸，光滑或光亮，湿时表面黏，呈褐色至淡绿色，中部色深，被有放射状深色纤毛状细条纹，边缘延生内卷、灰白色。菌肉呈白色，无明显气味，中部稍厚。菌褶呈白色，不等长，稀，较宽而厚，前期直生，后期近弯生。菌柄呈圆柱形，弯曲，长 3～7 cm，粗 1～1.5 cm，上部呈白色、被有粉粒，中下部被有黑色鳞片，内部实心或松软，基部稍变细。颇尔松湿伞如图 1.42 所示。

价值：不明，食用毒性也不明，当地群众不采食。

评估等级：DD。

分布：内蒙古、云南、甘肃、陕西等地区。

图 1.42 颇尔松湿伞

1.17 蜡伞科—蜡伞属

柠檬黄蜡伞（*Hygrophorus lucorum*）

采集地点：内蒙古自治区兴安盟阿尔山市。

经纬度：47.103 7N，119.563 7E。

海拔：240.59 m。

生境：秋季生于松林内地上，群生或散生，与树木形成外生菌根。

特征：菌盖直径为2～5 cm，幼时呈半球形，后平展且中部凹，呈柠檬黄色，盖缘初期内卷，后期平展，光滑，很黏。菌肉呈白色或浅黄色，中部厚。菌褶初期呈白色，后期呈淡黄色，延生，稍稀。菌柄呈圆柱形，长3～7 cm，粗4～7 mm，呈白色或淡黄色，幼时外包黏性膜，内实或稍中空。柠檬黄蜡伞如图1.43所示。

价值：可食用，味道浓。

评估等级：DD。

分布：内蒙古、山西、吉林、西藏、甘肃等地区。

图1.43　柠檬黄蜡伞

云杉蜡伞（*Hygrophorus piceae*）

采集地点：内蒙古自治区兴安盟阿尔山市。

经纬度：47.103 7N，119.563 7E。

海拔：240.59 m。

生境：秋季生于云杉等针叶林内地上，单生或散生。

特征：子实体较小或中等大。菌盖直径为 3～7 cm，初期呈扁半球形，后平展，中部钝或稍凸起，呈灰褐色或淡褐色，表面光滑无毛，边缘色淡且内卷。菌肉呈白色。菌褶呈白色带淡黄色，延生稍稀，厚，不等长。菌柄呈圆柱形，稍弯曲，长 5～8 cm，粗 0.5～1 cm，与菌盖同色，顶部稍粗，被粉粒状细纤毛或细条纹，内实松软。云杉蜡伞如图 1.44 所示。

价值：可食用。

评估等级：DD。

分布：内蒙古、山西、新疆、青海、西藏等地区。

图 1.44　云杉蜡伞

大白蜡伞（*Hygrophorus poetarum*）

采集地点：内蒙古自治区兴安盟阿尔山市。

经纬度：47.103 7N，119.563 7E。

海拔：240.59 m。

生境：夏、秋季生于针叶林内，单生至群生。

特征：子实体较大。菌盖直径为 2～7 cm，表面稍黏而平滑，大部分呈乳白色至土黄色，中部凸起呈浅橙黄色，边缘色浅而内卷。菌肉呈白色或淡黄色，厚，无明显气味。菌褶呈白色至乳白色，直生至稍延生，密，不等长。菌柄向下稍变细，长 4～10 cm，粗 0.5～1.2 cm，呈白色，基部带淡黄色，顶部有粉粒，具有纤毛状鳞片，湿时黏，内实。大白蜡伞如图 1.45 所示。

价值：可食用。

评估等级：DD。

分布：内蒙古、河北、新疆、山西、西藏等地区。

图 1.45　大白蜡伞

象牙白蜡伞（*Hygrophorus eburnesus*）

采集地点：内蒙古自治区呼伦贝尔市鄂温克族自治旗内蒙古红花尔基樟子松国家森林公园。

经纬度：48.163 2N，120.024 2E。

海拔：686.49 m。

生境：夏、秋季生于阔叶林或混交林内地上，群生或近丛生。

特征：子实体白色，一般较小。菌盖初期呈白色，后期带黄色，有时带粉红色，扁半球形至平展，直径为2～8 cm，光滑，黏，湿时更黏。菌肉白色，中部稍厚。菌褶近延生，稀，不等长。柄细长，近柱形，长5～13 cm，粗0.3～1.5 cm，光滑，下部渐细，顶部有鳞片。象牙白蜡伞如图1.46所示。

价值：此菌的菌丝体可以进行深层发酵培养，菌丝生长快；菌体含有粗蛋白、维生素及其他生理活性物质，可以作为家畜家禽的精饲料。

评估等级：LC。

分布：内蒙古、黑龙江、吉林、四川、云南、西藏等地区。

图1.46　象牙白蜡伞

1.18 未定科—白（杯）伞属

合生白伞（*Leucocybe connata*）

采集地点：内蒙古自治区锡林郭勒盟西乌珠穆沁旗古日格斯台国家级自然保护区；内蒙古自治区兴安盟阿尔山市。

经纬度：44.389 5N，118.275 1E；47.297 9N，119.692 5E。

海拔：1 291.61 m；248.14 m。

生境：秋季生于松树林内地上，多丛生、稀单生。

特征：子实体一般较小或中等大。菌盖直径为 4～8 cm，初期呈圆锥形，后渐呈扁半圆形，中部略凸，边缘内卷，具有皱条纹，初期表面呈石膏样白色，后期接近灰白色。菌肉呈白色。菌褶呈肉色带粉黄色，直生又延生，不等长，略稀。菌柄呈柱形，细长，呈白色，下部弯曲，实心至松软，许多菌柄常丛生在一起。合生白伞如图 1.47 所示。

价值：可食用，具有香气。

评估等级：LC。

分布：内蒙古、河北、陕西、甘肃、青海、黑龙江等地区。

图 1.47　合生白伞

小白白伞（*Leucocybe candicans*）

采集地点：内蒙古自治区乌兰察布市蛮汉山。

经纬度：40.592 6N，113.072 6E。

海拔：2 130.34 m。

生境：秋季生于阔叶林内地上，群生或丛生。

特征：菌盖直径为 1～3.5 cm，初期呈扁半球形，后渐扁平，呈白色，中部下凹，边缘下弯。菌肉表面呈白色，薄，稍呈粉状。菌褶呈白色，延生，密而窄。菌柄呈圆柱形，稍弯，长 3～5 cm，粗 2～4 mm，呈白色，光滑，脆骨质，中空，基部有白线毛。小白白伞如图 1.48 所示。

价值：不明。

评估等级：LC。

分布：青海、西藏、黑龙江、内蒙古等地区。

图 1.48　小白白伞

1.19 丝盖伞科—丝盖伞属

变红丝盖伞（*Inocybe erubescens*）

采集地点：内蒙古自治区兴安盟阿尔山市；内蒙古自治区通辽市科尔沁左翼后旗甘旗卡镇双合尔公园。

经纬度：47.103 7N，119.563 7E；42.562 3N，122.202 9E。

海拔：240.59 m；265.42 m。

生境：秋季生于松树等针叶林内地上，散生或群生。

特征：子实体小。菌盖直径为 3～5 cm，初期呈圆锥形、钟形至扁半球形，后渐平展且中部有凸起，后期边缘常开裂，呈褐红色，较光滑，被有褐红色纤毛状长条纹。菌肉呈淡黄色，伤处变暗红色。菌褶呈污黄色至锈红褐色，直生。菌柄呈柱形，弯曲，长 5～9 cm，粗 0.5～1 cm，呈黄色或变褐红色，内实，表面有白色纤毛或长条纹。变红丝盖伞如图 1.49 所示。

价值：不明，有毒。

评估等级：LC。

分布：内蒙古、吉林、黑龙江、山西等地区。

图 1.49　变红丝盖伞

黄褐丝盖伞（*Inocybe flavobrunnea*）

采集地点：内蒙古自治区兴安盟阿尔山市。

经纬度：47.103 7N，119.563 7E。

海拔：240.59 m。

生境：秋季生于林内地上。

特征：子实体小。菌盖直径为 2～5 cm，呈圆锥形至钟形或斗笠形，有黄褐色放射状纤毛条纹，中部凸起且色深。菌肉呈污白色，薄。菌褶呈污白色至浅红褐色，近直生，稍密。菌柄长 5～10 cm，呈污白黄色，平滑或有小条纹。黄褐丝盖伞如图 1.50 所示。

价值：不明，可能有毒。

评估等级：LC。

分布：内蒙古、四川、西藏、云南等地区。

图 1.50　黄褐丝盖伞

狐色丝盖伞（*Inocybe vulpinella*）

采集地点：内蒙古自治区兴安盟阿尔山市。

经纬度：47.103 7N，119.563 7E。

海拔：240.59 m。

生境：生于沙地上，群生。

特征：菌盖直径为 1.5～4 cm，初期呈半球形，后平展，呈土黄色或浅黄褐色，中央深棕色，表面干，有细绒毛，干后颜色变深。菌肉呈土黄色，较薄。菌褶呈浅褐色，直生，不等长。菌柄呈圆柱形，长 2～5 cm，粗 0.2～0.5 cm，呈土黄色或肉桂色，基部膨大。狐色丝盖伞如图 1.51 所示。

价值：不明。

评估等级：DD。

分布：山东、内蒙古等地区。

图 1.51　狐色丝盖伞

1.20　离褶伞科—离褶伞属

暗褐离褶伞（*Lyophyllum loricatum*）

采集地点：内蒙古自治区兴安盟阿尔山市。

经纬度：47.103 7N，119.563 7E。

海拔：240.77 m。

生境：秋季生于松树林内地上，单生或散生。

特征：子实体小至中等大。菌盖直径为 3～9 cm，初期呈半球形，开伞后中部钝，表面呈暗褐色。菌肉呈污白色后带褐色。菌褶呈污白色带灰色，直生近弯生，手碰触处色变深，密，不等长，褶边缘波浪状。菌柄呈圆柱形，长 5～8 cm，粗 0.5～1 cm，与菌盖同色，上部有纤毛状粉末，向下逐渐变粗或基部稍膨大。暗褐离褶伞如图 1.52 所示。

价值：可食用，味香浓。

评估等级：LC。

分布：内蒙古、山西、西藏、云南等地区。

图 1.52　暗褐离褶伞

荷叶离褶伞（*Lyophyllum decastes*）

采集地点：内蒙古自治区乌兰察布市蛮汉山。

经纬度：40.380 2N，112.170 4E。

海拔：1 691.67 m。

生境：秋季生于松树或混交林内地上，丛生或群生。

特征：子实体丛生。菌盖较小，直径为 2～4 cm，初期呈半球形或扁半球形，后渐平展，边缘内卷，呈灰褐或暗灰褐色，表面平滑。菌肉呈白色。菌褶呈白色，直生或稍延生，不等长，密。菌柄呈圆柱形，稍弯曲，长 3～6 cm，粗 0.3～0.5 cm。荷叶离褶伞如图 1.53 所示。

价值：可食用，味较好。

评估等级：LC。

分布：内蒙古、山西、江苏、广西、青海、云南、甘肃、西藏、新疆等地区。

图 1.53　荷叶离褶伞

1.21 小皮伞科—小阿森尼伞属

香雅典娜小菇（*Atheniella adonis*）

采集地点：内蒙古自治区通辽市科尔沁左翼后旗甘旗卡镇双合尔公园。

经纬度：42.573 4N，122.202 7E。

海拔：257.76 m。

生境：夏、秋季生于针叶林和针阔混交林内枯枝落叶上。

特征：菌盖直径为 0.3～1 cm，近圆锥形，中部凸起，老后逐渐平展，初期呈粉红色或红色，老时渐桃色，有时呈淡白色，中部色深，边缘具有半透明状条纹，光滑。菌肉呈白色，薄。菌褶呈淡粉色至白色，直生至延生。菌柄呈圆柱形，长 1.5～3 cm，粗 5～15 mm，呈白色，近透明，空心，脆，水浸状，基部有白色绒毛。香雅典娜小菇如图 1.54 所示。

价值：不明。

评估等级：LC。

分布：内蒙古、青海、西藏等地区。

图 1.54　香雅典娜小菇

1.22　小皮伞科—小皮伞属

琥珀小皮伞（*Marasmius siccus*）

采集地点：内蒙古自治区通辽市科尔沁左翼后旗甘旗卡镇双合尔公园；内蒙古自治区呼伦贝尔市鄂温克族自治旗内蒙古红花尔基樟子松国家森林公园。

经纬度：42.569 2N，122.202 9E；49.055 4N，120.457 0E。

海拔：269.92 m；680.94 m。

生境：生于林内落叶层上，群生。

特征：子实体小。菌盖直径为 0.6～2 cm，扁半球形至接近球形，呈深肉桂色或褐黄色，中部颜色深，膜质，薄，韧，干，光滑，具有通至中部和边缘的长沟条。菌褶呈污白色，稀。菌柄细长，长 3～8 cm，粗 1～1.5 mm，角质，光滑，顶部呈白黄毛，向下渐呈烟褐色。琥珀小皮伞如图 1.55 所示。

价值：不明。

评估等级：LC。

分布：河北、河南、内蒙古、山西、吉林、陕西、甘肃、安徽、广东、云南、西藏等地区。

注：琥珀小皮伞又称作干小皮伞。

图 1.55　琥珀小皮伞

大型小皮伞（*Marasmius maximus*）

采集地点：内蒙古自治区通辽市科尔沁左翼后旗甘旗卡镇双合尔公园。

经纬度：42.569 2N，122.202 9E。

海拔：269.92 m。

生境：春季或夏、秋季生于林内腐枝落叶层上，散生、群生或接近丛生。

特征：子实体一般中等大。菌盖直径为 3～10 cm，初期接近钟形、扁半球至接近平展，中部凸起或平，呈淡粉褐色、淡土黄色，中央色深，干时表面发白色，具有明显的放射状沟纹。菌肉呈白色，薄，似革质。菌褶与菌盖同色，弯生至接近离生，宽，稀，不等长。菌柄呈细柱形，质韧，表面具有纵条纹，上部似具有粉末，长 5～10 cm，粗 0.2～0.4 cm，内部实心。大型小皮伞如图 1.56 所示。

价值：可食用。

评估等级：LC。

分布：内蒙古、香港、广西、福建等地区。

图 1.56 大型小皮伞

1.23 小菇科—小菇属

沟纹小菇（*Mycena abramsii*）

采集地点：内蒙古自治区兴安盟阿尔山市。

经纬度：47.103 7N，119.564 7E。

海拔：240.30 m。

生境：夏、秋季生于混交林内腐殖质地上，散生或群生。

特征：子实体小。菌盖直径为 2～3.5 cm，呈圆锥形或钟形，中部凸起，呈淡灰紫褐色，中央色深呈褐紫色，湿润，边缘具有长条棱纹。菌肉呈污白色，薄。菌褶呈污白至灰白色，较宽，不等长。菌柄为圆柱形，长 3～6 cm，粗 0.1～2 cm，光滑，灰白色，下部色暗，基部具有绒毛。沟纹小菇如图 1.57 所示。

价值：不明，食用毒性也不明，不宜采食。

评估等级：LC。

分布：内蒙古、西藏等地区。

图 1.57　沟纹小菇

褐小菇（*Mycena alcalina*）

采集地点：内蒙古自治区兴安盟阿尔山市。

经纬度：47.103 7N，119.563 7E。

海拔：240.59 m。

生境：夏、秋季生于林地腐木或腐枝层上，近丛生。

特征：子实体小。菌盖近钟形至斗签形，直径为 1～2 cm，表面平滑，带褐色，中部色深而边缘色浅，且有细条纹，湿时黏。菌肉呈白色，较薄。菌褶呈白色带浅灰色，不等长，近直生。菌柄细长，常弯曲，长 3～8 cm，粗 0.2～0.3 cm，上部色浅，中下部近似菌盖色，基部白色有毛，空心。褐小菇如图 1.58 所示。

价值：可药用。

评估等级：LC。

分布：内蒙古、河北、吉林、黑龙江等地区。

注：褐小菇又称作咸味小菇。

图 1.58　褐小菇

黄柄小菇（*Mycena epipterygia*）

采集地点：内蒙古自治区兴安盟阿尔山市。

经纬度：47.103 7N，119.563 7E。

海拔：240.59 m。

生境：夏、秋季生于针阔混交林内针叶树腐木上，丛生或群生。

特征：菌盖直径为 1～2.5 cm，初期呈圆锥形至半球形，后期平展，有时中部稍凸起，光滑，呈灰褐色至土黄色，湿时边缘有条纹，黏。菌肉近白色至与菌盖同色，薄。菌褶呈淡白色，直生至弯生，较稀。菌柄呈细圆柱形，长 5～8.5 cm，粗 1～2 mm，黄绿色，下部被纤维状细毛。黄柄小菇如图 1.59 所示。

价值：不明。

评估等级：LC。

分布：内蒙古、吉林、黑龙江等地区。

注：黄柄小菇又称作污黄小菇。

图 1.59 黄柄小菇

全紫小菇（*Mycena holoporphyra*）

采集地点：内蒙古自治区兴安盟阿尔山市。

经纬度：47.103 7N，119.563 7E。

海拔：240.59 m。

生境：生于针阔叶林地腐叶层上，散生或群生。

特征：子实体小。菌盖直径为 1～3 cm，呈扁半球形至扁平或平展，呈紫红色或淡紫灰色，近膜质，光滑或有附属物，有条纹及网格状皱纹。菌肉呈紫红色。菌褶呈白色带紫色，直生又延生，有横脉，不等长。菌柄长 2～6 cm，粗 3～7 mm，表面被白色短绒毛，基部略粗，有粗毛。全紫小菇如图 1.60 所示。

价值：不明。

评估等级：LC。

分布：内蒙古、广东、香港等地区。

图 1.60　全紫小菇

1.24 类脐菇科—裸脚伞属

枥裸脚伞（*Gymnopus dryophilus*）

采集地点：内蒙古自治区兴安盟阿尔山市。

经纬度：47.103 7N，119.543 7E。

海拔：243.29 m。

生境：生于林内地上，丛生或群生。

特征：菌盖直径为2～6 cm，半球形或渐平展，呈乳黄色、黄褐色，表面光滑。菌肉与菌盖同色，薄。菌褶呈白色，窄。菌柄呈圆柱形，长2.5～7 cm，粗3～5 mm，上部呈白色或淡黄色、褐色至带红褐色。枥裸脚伞如图1.61所示。

价值：可食用，但也有记载称其可引起肠炎型中毒。

评估等级：LC。

分布：河北、河南、内蒙古、山西、吉林、陕西、甘肃、安徽、广东、云南、西藏等地区。

图1.61　枥裸脚伞

群生裸柄伞（*Gymnopus confluens*）

采集地点：内蒙古自治区呼伦贝尔市鄂温克族自治旗内蒙古红花尔基樟子松国家森林公园。

经纬度：48.163 2N，120.040 6E。

海拔：655.93 m。

生境：夏、秋季生于林内落叶层上，群生或近丛生。

特征：菌盖直径为 2～5 cm，呈扁半球形，后平展而中部微凸，平滑，呈粉红色至肉色，干后呈土黄色且中部色较深，湿润时边缘有短条纹。菌肉与菌盖同色，薄。菌褶弯生至离生，稍密至稠密，窄，不等长。菌柄呈圆柱形，细长，长 5～12 cm，粗 3～5 mm，脆骨质，中空，表面密被污白色细线毛。群生裸柄伞如图 1.62 所示。

价值：可食用；可药用。

评估等级：LC。

分布：内蒙古、黑龙江、吉林、河北、山西、甘肃、四川、云南、江苏、安徽、西藏等地区。

图 1.62　群生裸柄伞

1.25　泡头菌科—蜜环菌属

北方蜜环菌（*Armillaria borealis*）

采集地点：内蒙古自治区呼和浩特市树木园。

经纬度：40.482 8N，111.423 9E。

海拔：1 058.79 m。

生境：夏、秋季生于针、阔叶树腐木上，群生。

特征：子实体较小或中等大。菌盖直径为 4～8 cm，呈浅棕褐色至粉红褐色，初期呈扁半球形，后期呈扁平边缘内卷，中部稍凹，被有褐色短纤毛状鳞片，四周鳞片少，边缘近光滑。菌肉呈粉肉色，稍厚。菌褶初期呈粉色，后期呈红褐色，直生或稍延生，不等长。菌环位于菌柄近顶部。菌柄近柱形，长 5～9 cm，粗 0.5～1.2 cm，有白色绒毛或纤毛状鳞片，基部稍膨大，内部松软，实心。北方蜜环菌如图 1.63 所示。

价值：可食用，但不宜鲜食，干后味较好。

评估等级：LC。

分布：内蒙古、甘肃、陕西、吉林等地区。

图 1.63　北方蜜环菌

1.26 光柄菇科—光柄菇属

长条纹光柄菇（*Pluteus longistriatus*）

采集地点：内蒙古自治区兴安盟阿尔山市。

经纬度：47.103 7N，119.543 6E。

海拔：248.28 m。

生境：夏、秋季生于腐木上，单生或群生。

特征：子实体较小。菌盖直径为 2～5 cm，呈褐灰黄色，表面具有放射状深色条纹、皱纹或小疣。菌肉呈白色，略厚。菌褶初期接近白带粉色，后期变至粉红色，离生，密集，略宽，不等长。菌柄长 4～8 cm，粗 0.3～0.8 cm，上部色淡，略细，向下渐粗呈褐色，具有深纤毛状条纹或纤毛状鳞片。孢子印呈淡粉红色。长条纹光柄菇如图 1.64 所示。

价值：可食用。

评估等级：LC。

分布：内蒙古、广东、香港等地区。

图 1.64 长条纹光柄菇

灰光柄菇（*Pluteus cervinus*）

采集地点：内蒙古自治区呼伦贝尔市鄂温克族自治旗内蒙古红花尔基樟子松国家森林公园。

经纬度：48.163 2N，120.050 7E。

海拔：685.73 m。

生境：秋季生于山杨等阔叶林或混交林内地上，单生或散生。

特征：子实体较小或中等大。菌盖直径为 5～7 cm，表面呈暗褐色，有隐条纹。菌肉呈污白色，薄。菌褶初期近白色，后期变为粉肉色，稍密，离生，不等长。菌柄呈圆柱形，细长，有时向下渐粗，长 6～8 cm，粗 0.5～1 cm，表面湿润且有纤毛，呈灰白色至带淡黄色，内部实心至松软。灰光柄菇如图 1.65 所示。

价值：可食用。

评估等级：LC。

分布：内蒙古、吉林、西藏、新疆等地区。

图 1.65　灰光柄菇

粉褶光柄菇（*Pluteus plautus*）

采集地点：内蒙古自治区呼伦贝尔市鄂温克族自治旗内蒙古红花尔基樟子松国家森林公园。

经纬度：48.163 2N，120.020 7E。

海拔：685.85 m。

生境：秋季生于针叶树腐木上。

特征：菌盖直径为 1.5～3 cm，呈扁半球形至扁平，初期呈粉灰色，中部浅褐色，光滑，后期表皮开裂形成褐色小鳞片，边缘有条纹。菌肉呈污白色至淡褐色，薄。菌褶呈粉白色至粉红褐色，不等长，离生。菌柄呈圆柱形，长 2～5 cm，粗 2～3 mm，呈白色，下部带黄色，基部稍膨大。粉褶光柄菇如图 1.66 所示。

价值：不明，食用毒性也不明，慎食。

评估等级：LC。

分布：内蒙古、吉林、辽宁等地区。

图 1.66　粉褶光柄菇

1.27 小脆柄菇科—小鬼伞属

角鳞小鬼伞（*Coprinellus truncorum*）

采集地点：内蒙古自治区兴安盟阿尔山市。

经纬度：47.103 7N，119.563 7E。

海拔：240.59 m。

生境：夏、秋季生于阔叶林内树根部或空旷肥沃地上，丛生或稀单生。

特征：子实体小。菌盖直径为2～4 cm或稍大，初期呈卵圆形、钟形、半球形、斗签形，呈污黄色至黄褐色，表面有白色颗粒状晶体，中部呈红褐色，边缘有显著的条纹或棱纹，后期可平展而反卷，有时瓣裂。菌肉呈白色，薄。菌褶初期呈黄白色，后期为黑色，与菌盖同时自溶为墨汁状，离生，密，窄，不等长。菌柄呈白色，具有丝状光泽，较韧，中空，圆柱形，长2～11 cm，宽0.3～0.5 cm。角鳞小鬼伞如图1.67所示。

价值：初期幼嫩时可食，但不能同时饮酒，否则易发生中毒。

评估等级：DD。

分布：内蒙古、河北、山西、四川、西藏等地区。

图1.67 角鳞小鬼伞

1.28 小脆柄菇科—拟鬼伞属

雪白拟鬼伞（*Coprinopsis nivea*）

采集地点：内蒙古自治区兴安盟阿尔山市；内蒙古自治区乌兰察布市蛮汉山。

经纬度：47.103 7N，119.563 7E；40.394 1N，112.182 2E。

海拔：240.59 m；1 680.42 m。

生境：夏、秋季生于牲畜粪便上，群生或丛生。

特征：菌盖直径为 1.5～3.5 cm，呈卵形、锥形至钟形，或近平展，表面呈纯白色，有一层粗糙的白色粉末。菌肉呈白色，很薄。菌褶呈白色、灰褐色至黑色，离生，窄而密。菌柄呈圆柱形，长 4～10 cm，粗 4～7 mm，呈白色，覆盖白色絮状粉末，质脆。雪白拟鬼伞如图 1.68 所示。

价值：不明。

评估等级：LC。

分布：河南、陕西、甘肃、内蒙古、青海等地区。

图 1.68　雪白拟鬼伞

1.29 小脆柄菇科—厚囊伞属

枣红类脆柄菇（*Homophron spadiceum*）

采集地点：内蒙古自治区通辽市科尔沁左翼后旗甘旗卡镇双合尔公园；内蒙古锡林郭勒盟西乌珠穆沁旗古日格斯台国家级自然保护区。

经纬度：42.563 9N，122.202 9E；44.345 2N，118.034 5E。

海拔：240.30 m；1 291.61 m。

生境：夏季生于阔叶林内地上，簇生。

特征：菌盖直径为 2～6 cm，幼时呈凸镜形至扁半球形，后渐平展，成熟后边缘波浪状，呈淡褐色至深红棕色，水浸状。菌肉呈灰白色，薄，味淡。菌褶呈白色至红棕色，密集，直生，不等长。菌柄呈圆柱形，长 3～7 cm，粗 0.5～1 cm，空心，丝光质，呈白色至淡棕色，基部具有白色绒毛，整个菌柄具有纤毛。枣红类脆柄菇如图 1.69 所示。

价值：不明。

评估等级：LC。

分布：内蒙古、黑龙江、吉林、辽宁等地区。

图 1.69　枣红类脆柄菇

1.30　小脆柄菇科—近地伞属

射纹近地伞（*Parasola leiocephala*）

采集地点：内蒙古自治区兴安盟阿尔山市。

经纬度：47.103 7N，119.563 7E。

海拔：240.59 m。

生境：生于林间潮湿处腐殖处，单生或群生。

特征：子实体微小。菌盖开伞后，盖中央形成圆盘状，薄，直径为1～2 cm，呈黄褐色至灰褐色，中央色深，边缘有长的沟条纹。菌肉很薄。菌褶呈灰黑色至液化，离生，较稀。菌柄呈白色，中空呈管状。射纹近地伞如图1.70所示。

价值：可食用。

评估等级：LC。

分布：内蒙古、甘肃、江苏、山西、四川、西藏、香港等地区。

图 1.70　射纹近地伞

褶纹近地伞（*Parasola plicatilis*）

采集地点：内蒙古自治区兴安盟阿尔山市。

经纬度：47.103 7N，119.563 7E。

海拔：240.59 m。

生境：夏、秋季生于草地潮湿的腐殖质地上，单生、散生或群生。

特征：子实体小。菌盖直径为 1～3 cm，初期呈扁半球形或斗笠状，后平展，中部具有膜质的褐色乳头状，其边缘为明显的辐射状长条棱，被有白色茸絮状颗粒物，后期菌盖长反卷而形成黑边。菌肉呈白色，很薄。菌褶初期呈污褐色，后渐变为黑色液化，与菌肉明显离生，稀，窄。菌柄呈柱状，长 5～7 cm，粗 2～3 mm，呈白色，中空，表面有光泽，脆基部稍膨大。褶纹近地伞如图 1.71 所示。

价值：可食用，但子实体成熟后往往很快自溶，烂在草地上。

评估等级：LC。

分布：内蒙古、河北、甘肃、江苏、山西、四川、西藏、香港等地区。

图 1.71　褶纹近地伞

1.31　小脆柄菇科—小脆柄菇属

黄盖小脆柄菇（*Psathyrella candolleana*）

采集地点：内蒙古自治区乌兰察布市蛮汉山。

经纬度：40.592 6N，113.072 6E。

海拔：2 130.34 m。

生境：夏、秋季生于林内草地上，偶见生于腐木上，丛生。

特征：子实体较小。菌盖直径为 3～5 cm，初期呈钟形，顶部为黄褐色，边缘为淡黄色，后期为污白色，初期微粗糙，后期光滑，有隐条纹，菌盖缘延生呈垂幕状并附有白色菌幕残片，后脱落。菌肉呈白色，味温和。菌褶初期呈白色，后期变为灰色至黑灰色，直生，密，粗糙，不等长。菌柄呈柱形，弯曲，长 3～8 cm，粗 0.2～0.7 cm，呈灰色，质脆易断，有纵条纹或纤中空，基部有时稍膨大。黄盖小脆柄菇如图 1.72 所示。

价值：可食用，新鲜时食用的味道较好。

评估等级：LC。

分布：内蒙古、四川、江苏、湖南、黑龙江等地区。

图 1.72　黄盖小脆柄菇

1.32　球盖菇科—裸盖菇属

粪生黄囊菇（*Deconica merdaria*）

采集地点：内蒙古自治区通辽市科尔沁左翼后旗甘旗卡镇双合尔公园。

经纬度：42.563 8N，122.202 9E。

海拔：247.37 m。

生境：夏、秋季生于牛、马粪上或潮湿的腐殖质肥土上，单生或散生。

特征：子实体小。菌盖直径为 2～5 cm，初期呈半球形，后期渐呈钟形，表面呈红褐色或肉桂色，干时表面呈土黄色，光滑，略黏，湿时呈水浸状，边缘具有细条纹。菌肉薄。菌褶初期呈白色，后期呈红褐色，接近直生，略宽，不等长。菌柄细长，长 4～7 cm，粗 0.3～0.7 cm，接近圆柱形，上粗下细，上部呈黄白色，下部呈红褐色，内部松软，后变空心，基部接近根状。菌环为膜质，薄，易消失，具有残菌环痕迹。粪生黄囊菇如图 1.73 所示。

价值：不明，不可食，含致幻性毒素，误食后，会产生幻觉等精神异常反应。

评估等级：LC。

分布：山西、内蒙古等地区。

图 1.73　粪生黄囊菇

1.33 球盖菇科—盔孢伞属

细条盖盔孢伞（*Galerina subpectinata*）

采集地点：内蒙古自治区呼伦贝尔市鄂温克族自治旗内蒙古红花尔基樟子松国家森林公园。

经纬度：48.164 3N，120.027 9E。

海拔：658.62 m。

生境：秋季生于松树等混交林内地上，单生或散生。

特征：子实体小。菌盖直径为 2～5 cm，初期呈扁半球形，后渐平展且中部稍凸，光滑，水浸状，初期为土黄色，后期为褐黄色，边缘有明显的细条纹。菌褶初期呈白黄色，后期呈黄褐色，宽，稀，直生至稍延生，不等长。菌柄长 3～6 cm，粗 0.3～0.5 cm，光滑，纤维质，上部呈浅黄色，下部呈深褐色至褐红色。细条盖盔孢伞如图 1.74 所示。

价值：不明，不可食，属于极毒菌，误食后，初期表现为急性胃肠炎、消化道出血，很快转为急性肝萎缩、肝昏迷、脑水肿等，发生肝损害型中毒症状，重者死亡。

评估等级：DD。

分布：内蒙古、四川等地区。

图 1.74 细条盖盔孢伞

纹缘孢伞（*Galerina marginata*）

采集地点：内蒙古自治区呼伦贝尔市鄂温克族自治旗内蒙古红花尔基樟子松国家森林公园。

经纬度：48.163 3N，120.027 2E。

海拔：679.66 m。

生境：秋季生于林内。

特征：菌盖直径为 0.7～2 cm，半球形至近平展，呈黄色至棕色，光滑，湿时黏，边缘有透明状条纹。菌肉呈乳白色至淡黄色，薄。菌褶呈黄棕色，弯生，不等长。菌柄呈圆柱形，长 1～3 cm，粗 0.1～0.2 cm，中生，呈灰白色，表面具有丝状光泽，脆骨质。菌环上位，呈褐色，膜质，易脱落。纹缘孢伞如图 1.75 所示。

价值：不明，有剧毒，禁止食用，可引起急性肝损害型中毒。

评估等级：LC。

分布：内蒙古、云南、四川、新疆、西藏等地区。

注：纹缘孢伞又称作具缘盔孢伞。

图 1.75　纹缘孢伞

1.34　球盖菇科—黏滑菇属

大毒黏滑菇（*Hebeloma crustuliniforme*）

采集地点：内蒙古自治区呼伦贝尔市鄂温克族自治旗内蒙古红花尔基樟子松国家森林公园。

经纬度：48.164 3N，120.027 9E。

海拔：658.62 m。

生境：秋季生于混交林内地上，与树木形成外生菌根。

特征：菌盖直径为 5～10 cm，初期呈扁半球形，后平展，中部稍凸起，呈浅黄色或淡土黄色，中部呈肉桂色。菌肉呈白色或污白色，较厚。菌褶初期呈污白色，后为土黄色或褐色，密，弯生，不等长。菌柄呈圆柱形，长 5～10 cm，粗 10～20 mm，呈白色或浅肉色，上部有白色粉末，基部稍膨大，内部松软至中空。大毒黏滑菇如图 1.76 所示。

价值：不明，有毒，可引起胃肠炎型中毒。

评估等级：LC。

分布：内蒙古、河北、吉林、新疆、四川、云南、青海、西藏等地区。

图 1.76　大毒黏滑菇

1.35 球盖菇科—鳞伞属

黏皮鳞伞（*Pholiota lubrica*）

采集地点：内蒙古自治区通辽市科尔沁左翼后旗甘旗卡镇双合尔公园。

经纬度：42.563 6N，122.202 9E。

海拔：269.48 m。

生境：秋季生于针阔混交林内腐枝层或腐木上，群生。

特征：菌盖直径为 2.5～7.5 cm，扁半球形至稍平展，湿时黏，中部呈红褐色，边缘呈土黄色，具有黄色胶质化的软毛鳞片，有条纹。菌肉呈灰白色，表皮下带黄色。菌褶初期呈浅黄色，后期呈赭色，弯生、直生至稍延生，密。菌柄呈圆柱形，长 4～8 cm，粗 3～6 mm，等粗或向上稍细，基部稍呈球茎膨大，初期菌柄呈灰白色，后期菌柄下部呈褐色且干，表面具有纤毛，基部具有软毛，纤维质，实心。黏皮鳞伞如图 1.77 所示。

价值：可食用。

评估等级：LC。

分布：内蒙古、西藏等地区。

图 1.77　黏皮鳞伞

1.36　球盖菇科—球盖菇属

盐碱球盖菇（*Stropharia halophila*）

采集地点：内蒙古自治区兴安盟阿尔山市。

经纬度：47.103 7N，119.563 7E。

海拔：240.59 m。

生境：夏、秋季生于盐碱地上或沙草地上，单生或散生。

特征：菌盖直径为 1.5～6 cm，半球形至凸镜形，呈黄白色至乳黄色，光滑，盖缘具有鳞片。菌肉呈白色或黄白色，中部较厚。菌褶呈浅灰色至暗紫褐色，褶缘呈灰白色，弯生至近弯生，不等长。菌柄近圆柱形，长 3～5 cm，粗 3～8 mm，基部膨大，向上渐变细，呈白色至灰色，表面光滑。菌环位于菌柄中上部，较厚，上表面具有辐射状沟地，并附有紫色，下表面呈白色。盐碱球盖菇如图 1.78 所示。

价值：不明。

评估等级：DD。

分布：内蒙古、山西、江苏、福建等地区。

图 1.78　盐碱球盖菇

1.37 口蘑科—丽杯伞属

白褐丽蘑（*Calocybe gangraenosa*）

采集地点：内蒙古自治区兴安盟阿尔山市。

经纬度：47.103 7N，119.563 7E。

海拔：240.59 m。

生境：夏、秋季生于林内地上，群生或散生。

特征：菌盖直径为 5～15 cm，凸镜形至扁半球形，后期渐平展，表面干，初期具有毡毛状物，后期变为辐射状纤毛，呈污白色、橄榄灰色至灰褐色，伤处变黑色。菌褶呈浅褐色或污白色，不等长，弯生至近延生。菌柄呈圆柱形，长 5～8 cm，粗 0.5～2 cm，基部稍膨大，表面与菌盖近同色，具有褐色长条纹或暗色纤毛。白褐丽蘑如图 1.79 所示。

价值：不明。

评估等级：LC。

分布：内蒙古、吉林、黑龙江等地区。

图 1.79　白褐丽蘑

紫皮丽蘑（*Calocvbe ionides*）

采集地点：内蒙古自治区呼和浩特市树木园。

经纬度：40.482 8N，111.423 9E。

海拔：1 058.79 m。

生境：秋季生于混交林内地上，单生或散生。

特征：子实体小至中等大。菌盖宽4～8 cm，扁半球形至平展，湿润时呈半透明状，光滑，呈灰紫色，边缘平滑。菌肉呈白色。菌褶呈白色或带粉色，稠密，直生或弯生，不等长。菌柄圆柱形，长2～5 cm，粗0.3～0.5 cm，与菌盖同色，内部松软。紫皮丽蘑如图1.80所示。

价值：可食用，味较好。

评估等级：不明。

分布：内蒙古、黑龙江、吉林、辽宁等地区。

图1.80 紫皮丽蘑

1.38 口蘑科—杯伞属

杯伞（*Clitocybe gibba*）

采集地点：内蒙古自治区兴安盟阿尔山市。

经纬度：47.103 7N，119.563 7E。

海拔：240.59 m。

生境：秋季生于林内地上或腐枝落叶层上，单生或群生。

特征：菌盖直径为 2～7.5 cm，初期呈扁半球形，后平展，中部下凹呈漏斗状，幼时往往中央具有小尖突，薄，呈浅黄色至淡褐色，干燥，边缘平滑呈波状。菌肉呈白色，薄。菌褶呈白色，稍密，薄，延生，不等长。菌柄呈圆柱形，长 2.5～7 cm，粗 5～12 cm，光滑，呈白色或与菌盖色相近，基部稍膨大并有白色绒毛，内部松软。杯伞如图 1.81 所示。

价值：可食用，但也记载为毒菌，可引起胃肠炎型、神经精神型、呼吸循环衰竭型中毒。

评估等级：LC。

分布：内蒙古、云南、四川等地区。

注：杯伞又称作深凹杯伞、漏斗杯伞、喇叭蘑、碗蘑。

图 1.81 杯伞

赭杯伞（*Clitocybe sinopica*）

采集地点：内蒙古自治区呼伦贝尔市鄂温克族自治旗内蒙古红花尔基樟子松国家森林公园。

经纬度：48.163 3N，120.023 2E。

海拔：674.38 m。

生境：夏、秋季生于林内地上，单生或群生。

特征：菌盖直径为 2～6 cm，初时呈扁球形，后呈漏斗状，呈棕红色至赭色，具纤细白色纤毛，边缘光滑且有时呈波状。菌肉呈白色，伤处变色。菌褶初期呈白色，后渐变为淡黄色，延生，不等长。菌柄呈圆柱形，长 2～5 cm，粗 3～8 mm，与菌盖同色，空心，基部具白色绒毛。赭杯伞如图 1.82 所示。

价值：可食用。

评估等级：LC。

分布：内蒙古、云南、吉林、新疆等地区。

图 1.82　赭杯伞

赭黄杯伞（*Clitocybe bresadolana*）

采集地点：内蒙古自治区呼伦贝尔市鄂温克族自治旗内蒙古红花尔基樟子松国家森林公园。

经纬度：48.163 2N，120.023 2E。

海拔：679.29 m。

生境：秋季生于草原或林间草地上，单生或群生。

特征：子实体小。菌盖直径为 2～5 cm，呈漏斗状，呈土黄色至赭黄褐色，边缘渐内卷，呈波状，湿时有环带。菌肉呈近白色至乳白色，有水果香气。菌褶呈乳白黄色，延生而较密。菌柄长 3～6 cm，粗 3～7 mm，与菌盖同色，平滑，基部稍膨大且有白色绒毛。赭黄杯伞如图 1.83 所示。

价值：不明，不宜食用。

评估等级：DD。

分布：内蒙古、河北、青海等地区。

图 1.83　赭黄杯伞

1.39　口蘑科—漏斗杯伞属

肉色漏斗杯伞（*Infundibulicybe geotropa*）

采集地点：内蒙古自治区兴安盟阿尔山市。

经纬度：47.103 7N，119.543 7E。

海拔：243.29 m。

生境：秋季生于林内地上或草地上，往往分散生长或群生。

特征：子实体中等大至大型。菌盖直径为 3～10 cm，中部向下凹陷呈漏斗状，中间具有小凸起，幼时呈褐色，老时呈肉色或淡黄褐色并具有绒毛，表面干燥，边缘内卷不明显。菌肉呈近白色，厚，味温和。菌褶接近白色或与菌盖同色，延生，密集，较宽，不等长。菌柄长 3～7 cm，粗 1～2 cm，呈白色、黄色或与菌盖同色，表面具条纹，呈纤维状，实心。肉色漏斗杯伞如图 1.84 所示。

价值：可食用；可用于试验抗癌。

评估等级：DD。

分布：云南、四川、西藏、山西、内蒙古等地区。

图 1.84　肉色漏斗杯伞

1.40　口蘑科—香蘑属

裸香蘑（*Lepista nuda*）

采集地点：内蒙古自治区兴安盟阿尔山市；内蒙古自治区呼伦贝尔市鄂温克族自治旗内蒙古红花尔基樟子松国家森林公园；内蒙古自治区赤峰市喀喇沁旗旺业甸林场。

经纬度：47.103 7N，119.563 7E；49.055 4N，120.457 0E；41.396 6N，118.220 1E。

海拔：240.59 m；680.94 m；1 039.48 m。

生境：秋季生于林内地上，单生或群生。

特征：子实体中等大。菌盖直径为5～8 cm，呈半球形至平展，呈灰紫色或丁香紫色，光滑，湿润，边缘内卷。菌肉呈淡紫色。菌褶呈淡紫色，密，直生至稍延生，不等长。菌柄呈圆柱形，长4～7 cm，粗1.5～2 cm，与菌盖同色，上部有絮状粉末，下部具纵条纹，内实，基部膨大。裸香蘑如图1.85所示。

价值：可食用，肉厚味香，属优良食用菌；可用于试验抗癌。

评估等级：LC。

分布：内蒙古、山西、陕西、云南等地区。

图1.85　裸香蘑

灰紫香蘑（*Lepista glaucocana*）

采集地点：内蒙古自治区兴安盟阿尔山市。

经纬度：47.103 7N，119.563 7E。

海拔：240.59 m。

生境：秋季生于针叶和阔叶林内地上，单生或群生。

特征：子实体小至中等大。菌盖直径为 3～9 cm，初期呈扁半球形至近平展，光滑，初期呈淡灰紫色，后期退至灰白色，边缘稍内卷。菌肉呈灰白色。菌褶呈灰紫色，密，窄，直生至弯生，不等长。菌柄长 3～8 cm，内实，带紫色，光滑或有绒毛及纵条纹，基部稍膨大。灰紫香蘑如图 1.86 所示。

价值：可食用。

评估等级：LC。

分布：黑龙江、吉林、内蒙古等地区。

图 1.86　灰紫香蘑

带盾香蘑（*Lepista personata*）

采集地点：内蒙古自治区兴安盟阿尔山市。

经纬度：47.103 7N，119.563 7E。

海拔：240.59 m。

生境：秋季生于针叶林或混交林内地上，单生、散生或群生。

特征：子实体中等大或较大。菌盖直径为 6～11 cm，初期呈半球形，呈淡紫色，后近平展，并褪色至肉粉色。菌肉呈白色带紫色，具淀粉气味。菌褶呈淡粉紫色，密，弯生近延生，不等长。菌柄呈柱形，壮，长 5～9 cm，粗 1.5～2 cm，与菌褶同色，具纵条纹，内实至松软，基部稍膨大。带盾香蘑如图 1.87 所示。

价值：可食用，鲜香味美，属优良食用菌，当地群众大量采食。

评估等级：LC。

分布：内蒙古、黑龙江、河南、甘肃等地区。

图 1.87 带盾香蘑

白香蘑（*Lepista caespitosa*）

采集地点：内蒙古自治区通辽市科尔沁左翼后旗甘旗卡镇双合尔公园。

经纬度：42.562 8N，122.202 9E。

海拔：264.52 m。

生境：秋季生于松树等针叶林内或林缘草地上，单生、散生或群生。

特征：子实体较小或中等大。菌盖直径为 5～8 cm，初期呈扁半球形，后期接近平展或中部略凹，呈白色，边缘略内卷，接近波状或具环带。菌肉呈白色。菌褶呈白色，略密集，直生或接近延生，老后变离生。菌柄呈柱形，长 3～5 cm，粗 0.5～1.2 cm，呈白色，基部略膨大。白香蘑如图 1.88 所示。

价值：可食用，气味浓香，鲜美可口，尤其干后味更浓，是一种优良的食用菌，极具开发利用价值。

评估等级：LC。

分布：内蒙古、吉林、山西、新疆等地区。

图 1.88　白香蘑

紫晶香蘑（*Lepista sorsida*）

采集地点：内蒙古自治区呼伦贝尔市鄂温克族自治旗内蒙古红花尔基樟子松国家森林公园。

经纬度：48.163 2N，120.026 2E。

海拔：685.52 m。

生境：夏、秋季生于田野、草地和村庄路旁，散生、群生或接近丛生。

特征：菌盖直径为 1.5～5 cm，幼时呈半球形，后渐平展，中部凹陷，湿时呈水浸状，呈紫罗兰色至紫褐色；干时呈黄褐色，光滑，边缘内卷，无条纹，呈波状。菌肉呈淡紫色，较薄，呈水浸状。菌褶呈淡紫色，较密集，直生，有时略弯生或略延生。菌柄呈圆柱形，长 1.5～5 cm，粗 3～12 mm，与菌盖同色，内部实心，基部大多弯曲。紫晶香蘑如图 1.89 所示。

价值：可药用；可食用。

评估等级：LC。

分布：内蒙古、黑龙江、福建、青海、新疆、西藏、山西等地区。

图 1.89　紫晶香蘑

1.41 口蘑科—白网褶菇属

黄白白桩菇（*Leucopaxillus alboalutaceus*）

采集地点：内蒙古自治区通辽市科尔沁左翼后旗甘旗卡镇双合尔公园。

经纬度：42.573 4N，122.202 7E。

海拔：257.76 m。

生境：秋季生于松树等针叶林或混交林内地上，单生或散生。

特征：子实体较大。菌盖直径为 6～14 cm，初期呈扁半球形，后渐平展，中部稍凸或稍凹，中部呈浅褐色，边缘幼时内卷、具条纹。菌肉呈白色，致密，味柔和。菌褶呈浅乳黄色，延生。菌柄呈柱形，长 8～10 cm，粗 1.5～2 cm，中上部与菌盖同色，光滑，基部呈黄色。黄白白桩菇如图 1.90 所示。

价值：可食用，肉厚香浓。

评估等级：LC。

分布：内蒙古、黑龙江、山西、青海等地区。

图 1.90 黄白白桩菇

白桩菇（*Leucopaxillus candidus*）

采集地点：内蒙古自治区赤峰市喀喇沁旗旺业甸林场。

经纬度：41.397 6N，118.220 4E。

海拔：1 034.38 m。

生境：秋季生于针叶林内地上。

特征：子实体较大。菌盖直径为 5～12 cm，初期平展，后期中部下凹，呈白色，光滑，边缘平滑内卷。菌肉呈白色，较厚。菌褶呈白色，稠密，窄，近延生，不等长。菌柄长 7～10 cm，粗 2～3 cm，呈白色，光滑，内实。孢子无色，光滑，呈椭圆形。白桩菇如图 1.91 所示。

价值：可食用。

评估等级：无。

分布：内蒙古、黑龙江、山西、青海等地区。

注：白桩菇又称作白尧杯菌。

图 1.91　白桩菇

1.42 口蘑科—铦囊蘑属

直柄铦囊蘑（*Melanoleuca strictipes*）

采集地点：内蒙古自治区兴安盟阿尔山市。

经纬度：47.103 7N，119.563 7E。

海拔：240.59 m。

生境：生于林内地上或灌丛草地上，散生。

特征：菌盖直径为 5.5～7.0 cm，初期呈半球形，后期平展，表面呈乳白色至土黄色或浅蛋壳色，干后色深，边缘平滑。菌肉呈白色，稍薄。菌褶呈白色至乳白色，直生至弯生，较密，不等长。菌柄呈圆柱形，长 4～8 cm，粗 7～15 mm，呈灰白色，基部稍膨大，具白色绒毛。直柄铦囊蘑如图 1.92 所示。

价值：可食用。

评估等级：LC。

分布：内蒙古、新疆、山西、西藏等地区。

图 1.92 直柄铦囊蘑

1.43 口蘑科—伪拟晶蘑属

萎垂白近香蘑（*Paralepista flaccida*）

采集地点：内蒙古自治区兴安盟阿尔山市；内蒙古自治区呼伦贝尔市鄂温克族自治旗内蒙古红花尔基樟子松国家森林公园。

经纬度：47.103 7N，119.563 7E；49.055 4N，120.457 0E。

海拔：240.59 m；680.94 m。

生境：夏末、初秋生于松树、云杉林内地上，散生至群生或形成蘑菇圈。

特征：子实体中等大或较大。菌盖直径为 5～12 cm，初期呈扁半球形，后期边缘伸展而中部下凹呈宽漏斗状，呈白色至浅灰色，干时具光泽，边缘呈波状或皱缩状。菌肉呈白色，稍厚，软韧。菌褶呈白色，稠密，延生，狭窄分叉，不等长。菌柄呈柱形，内实，质韧，基部稍细，有绒毛。萎垂白近香蘑如图 1.93 所示。

价值：可食用，香味浓，口感好。

评估等级：LC。

分布：内蒙古、吉林、黑龙江等地区。

注：萎垂白近香蘑又称作伏银盘、白银盘。

图 1.93　萎垂白近香蘑

1.44　口蘑科—红金钱菌属

斑盖红金钱菌（*Rhodocollybia maculata*）

采集地点：内蒙古自治区呼伦贝尔市鄂温克族自治旗内蒙古红花尔基樟子松国家森林公园。

经纬度：48.163 2N，120.026 7E。

海拔：685.95 m。

生境：秋季生于松树或灌木落叶层地上，丛生或群生。

特征：子实体较小。菌盖直径为 3～5 cm，初期呈扁半球形，后期展开后中部钝或凸起，前期主体表面为白色，后期中部带黄色或褐色，平滑无毛，边缘初期内卷。菌肉呈白色，中部厚，气味温和或有淀粉味。菌褶呈白色，直生或稍延生，很密，窄，不等长。菌柄呈圆柱形，细长，弯曲，长 6～10 cm，粗 0.5～1 cm，具纵长条纹或扭曲的纵条沟，软骨质，内部松软至空心。斑盖红金钱菌如图 1.94 所示。

价值：可食用，味美可口。

评估等级：LC。

分布：内蒙古、甘肃、陕西、西藏、新疆等地区。

图 1.94　斑盖红金钱菌

1.45 口蘑科—口蘑属

红鳞口蘑（*Tricholoma vaccinum*）

采集地点：内蒙古自治区兴安盟阿尔山市。

经纬度：47.103 7N，119.563 7E。

海拔：240.59 m。

生境：夏、秋季生于云杉、冷杉等针叶林内地上，群生。

特征：子实体中等大。菌盖直径为3～5 cm，幼时呈近钟形，后期近平展且中部钝凸，呈土黄褐色至土褐色，被毛状鳞片，表面干燥，中部往往呈龟裂状。菌肉呈白色，伤处变红褐色。菌裙呈白色或乳白色，不等长，弯生，伤处变红褐色。菌柄长3～8 cm，粗0.5～1.5 cm，较菌盖色浅，上部色淡，具纤毛状鳞片，松软至空心。红鳞口蘑如图1.95所示。

价值：可食用；可用于试验抗癌。

评估等级：LC。

分布：内蒙古、新疆、辽宁、吉林、黑龙江、山西、甘肃、陕西、青海等地区。

图1.95　红鳞口蘑

棕灰口蘑 (*Tricholoma terreum*)

采集地点: 内蒙古自治区呼伦贝尔市鄂温克族自治旗内蒙古红花尔基樟子松国家森林公园。

经纬度: 48.163 2N, 120.028 7E。

海拔: 685.85 m。

生境: 夏、秋季生于松林或混交林内地上, 群生或散生, 与多种树木形成外生菌根。

特征: 菌盖直径为 2~9 cm, 呈半球形至平展, 中部凸起, 呈灰褐色至棕灰色, 干燥, 密生暗灰色丛毛状小鳞片, 老后边缘开裂。菌肉呈白色, 稍厚, 无味。菌褶初期呈白色, 后期变灰色, 弯生, 稍密, 不等长。菌柄呈圆柱形, 长 2.5~8 cm, 粗 1.0~2.0 cm, 呈白色至污白色, 具细纤毛, 内部松软至中空, 基部稍膨大, 质脆。棕灰口蘑如图 1.96 所示。

价值: 可食用, 产量较大, 味道较好, 为优质食用菌。

评估等级: LC。

分布: 内蒙古、河北、黑龙江、山西、江苏、河南、甘肃、辽宁、青海、湖南等地区。

注: 棕灰口蘑又称作小灰蘑、灰老婆儿。

图 1.96　棕灰口蘑

拟褐黑口蘑（*Tricholoma ustaloides*）

采集地点：内蒙古自治区乌兰察布市蛮汉山。

经纬度：40.380 2N，112.170 6E。

海拔：1 682.68 m。

生境：秋季生于松树等针叶林或混交林内地上，单生或群生。

特征：子实体较小或中等大。菌盖直径为 3～7 cm，初期呈扁半球形，后展开，中部稍圆凸起，被有褐色颗粒状纤毛，呈灰色至棕色，似有内生纤毛。菌肉呈白色，近表皮下带褐色，稍厚。菌褶呈乳白色至肉色，稍宽。菌柄呈圆柱状，稍弯曲，长 4～8 cm，粗 1～2 cm，实心，呈褐色，上部具白色粉末，下部具条纹。拟褐黑口蘑如图 1.97 所示。

价值：可食用，肉厚味香；可药用。

评估等级：DD。

分布：内蒙古、云南、西藏等地区。

图 1.97　拟褐黑口蘑

第 2 章 蘑菇纲（木耳目）

2.1 木耳科—木耳属

细木耳（*Auricularia heimuer*）

采集地点：内蒙古自治区兴安盟阿尔山市。

经纬度：47.103 7N，119.563 7E。

海拔：240.59 m。

生境：春至秋季生于多种阔叶树枯立木、倒木和腐木上，单生或簇生。

特征：子实层表面平滑或有褶状隆起，呈深褐色至黑色。菌盖宽 2～9 cm，厚 0.5～1 mm，鲜时呈杯形、耳形、叶形或花瓣形，呈褐色至黑褐色，柔软，胶质，有弹性，中部凹陷，边缘锐，无柄或具短柄；干后强烈收缩，硬而脆，浸水后迅速恢复原状。不育面密被短绒毛。细木耳如图 2.1 所示。

价值：可食用；可药用。

评估等级：LC。

分布：内蒙古、黑龙江、山西、江苏、安徽等地区。

图 2.1 细木耳

第3章 蘑菇纲（牛肝菌目）

3.1 牛肝菌科—类乳牛肝菌属

细绒牛肝菌（*Boletus subtomentosus*）

采集地点：内蒙古自治区兴安盟阿尔山市；内蒙古自治区锡林郭勒盟西乌珠穆沁旗古日格斯台国家级自然保护区；内蒙古自治区赤峰市喀喇沁旗旺业甸林场。

经纬度：47.103 7N，119.563 7E；44.345 2N，118.034 5E；41.396 6N，118.220 1E。

海拔：240.59 m；1 291.61 m；1 039.48 m。

生境：夏、秋季生于针叶林内地上，散生，与树木形成外生菌根。

特征：菌盖直径为6～11 cm，呈扁半球形至近扁平，幼时呈黄褐色、土黄色或深土褐色；老时呈猪肝色，干燥，被绒毛，有时龟裂。菌肉呈淡白色至带黄色，伤处不变色。菌管呈黄绿色或淡硫黄色，直生或在菌柄周围稍凹陷，有时近延生。菌柄呈圆柱形，长5～7 cm，粗10～12 mm，上下近等粗或向下渐粗，呈淡黄色或淡黄褐色，无网纹，但顶部有时有不显著的网纹或由菌管下延的棱纹，内实。细绒牛肝菌如图3.1所示。

价值：可食用。

评估等级：LC。

分布：内蒙古、吉林、浙江、湖南、辽宁、江苏、安徽、台湾、河南、陕西、贵州、云南等地区。

图3.1 细绒牛肝菌

3.2　牛肝菌科—半疣柄牛肝菌属

半白半疣柄牛肝菌（*Hemileccinum impolitum*）

采集地点：内蒙古自治区锡林郭勒盟西乌珠穆沁旗古日格斯台国家级自然保护区。

经纬度：44.389 5N，118.275 1E。

海拔：1 291.61 m。

生境：夏、秋季生于林内地上，散生或丛生，与针叶树形成外生菌根。

特征：菌盖直径为 3～13 cm，初期呈半球形，后期近扁平，呈淡黄褐色、黄褐色或橙褐色，边缘内卷。菌肉呈污白色，表皮下呈淡黄色，伤处不变色。菌管呈淡黄色至黄色，离生。管口呈近圆形，每毫米 2～3 个，呈鲜黄色。菌柄长 4～13 cm，粗 18～25 mm，上下等粗或向下稍粗，内实，呈淡黄白色，无网纹。孢子印呈淡橄榄褐色。半白半疣柄牛肝菌如图 3.2 所示。

价值：可食用。

评估等级：LC。

分布：内蒙古、黑龙江、吉林、广东等地区。

注：半白半疣柄牛肝菌又称作黄脚菇、大脚菇、黄褐牛肝菌。

图 3.2　半白半疣柄牛肝菌

3.3 牛肝菌科—疣柄牛肝菌属

褐疣柄牛肝菌（*Leccinum scabrum*）

采集地点：内蒙古自治区兴安盟阿尔山市。

经纬度：47.103 7N，119.563 7E。

海拔：240.59 m。

生境：夏、秋季生于阔叶林内地上，单生或散生，属外生菌根菌。

特征：子实体较大。菌盖直径为 4.5～15 cm，呈淡灰褐色、红褐色或栗褐色，湿时稍黏，光滑或有短绒毛。菌肉白色，伤处不变色或稍变粉黄。菌管初白色，渐变为淡褐色，近离生。管口同色，呈圆形。菌柄长 5～10 cm，粗 1.5～3 cm，下部呈灰色，有纵梭纹并有很多红褐色小斑。孢子印呈淡褐色或褐色。褐疣柄牛肝菌如图 3.3 所示。

价值：可食用。

评估等级：LC。

分布：内蒙古、黑龙江、吉林、广东、江苏、安徽、浙江、西藏、陕西、新疆、青海、四川、云南、辽宁等地区。

图 3.3　褐疣柄牛肝菌

橙黄疣柄牛肝菌（*Leccinum aurantiacum*）

采集地点：内蒙古自治区赤峰市喀喇沁旗旺业甸林场。

经纬度：41.373 3N，118.220 4E。

海拔：1 039.36 m。

生境：秋季生于山杨等针阔叶林内地上，单生或散生，与树木形成外生菌根。

特征：子实体较大。菌盖直径为 7～12 cm，初期呈半圆球形，后渐平展，光滑或被微凸瘤状物，呈橙红色或橙黄色。菌呈灰白色，肉厚，质密集，伤处不变色。菌管初期呈灰白色，后变污灰色，弯生，在柄周围凹陷。管口呈灰白色，呈圆形。菌柄为柱形，长 8～11 cm，粗 1.5～2 cm，上下部近等粗或基部略粗，呈污白色，被有褐色疣粒，内部实心。橙黄疣柄牛肝菌如图 3.4 所示。

价值：可食用，味一般。

评估等级：LC。

分布：内蒙古、河北、陕西、四川、黑龙江、吉林、青海、新疆、辽宁、云南、西藏等地区。

图 3.4 橙黄疣柄牛肝菌

3.4 硬皮马勃科—硬皮马勃属

橘色硬皮马勃（*Scleroderma citrinum*）

采集地点：内蒙古自治区通辽市科尔沁左翼后旗甘旗卡镇双合尔公园。

经纬度：42.569 2N，122.202 9E。

海拔：269.92 m。

生境：夏、秋季生于草地上，单生或多个排列生长，属树木外生真菌。

特征：子实体较小或中等大，呈扁圆形或接近球形，呈黄色或接近金黄色，直径为4～10 cm。外包被表面初期具有易脱落的小疣，后渐平滑，形成龟裂状鳞片，皮层厚，剖面带红色，成熟后变淡色。内部孢体初期呈灰紫色，后呈黑褐紫色，后期破裂散放孢粉。橘色硬皮马勃如图3.5所示。

价值：幼时可食用，据称可能具有微毒，大部分人食后易引起胃肠炎反应，慎食；可药用，一般老熟干后可药用，包内孢粉具有消炎作用，对外伤消炎治疗效果较好。

评估等级：LC。

分布：内蒙古、江苏、福建、台湾、西藏、广东、香港、广西等地区。

图3.5　橘色硬皮马勃

网隙硬皮马勃（*Scleroderma areolatum*）

采集地点：内蒙古自治区乌兰察布市蛮汉山。

经纬度：40.592 6N，113.072 6E。

海拔：2 130.34 m。

生境：秋季生于松树林内地上。

特征：子实体个体较小，多丛生，呈近球形或挤压成不规则形，直径为 3～6 cm，高 3～5 cm。基部伸长似短柄，并有基部菌索着于地上，具褐色细疣状颗粒，稀，平滑。外包被呈黄色至暗色，易碎，后期细疣状颗粒脱落，成熟后不规则地开裂，露出灰白色的内包被。包内孢体呈青黄褐色，呈粉末状。网隙硬皮马勃如图 3.6 所示。

价值：可药用，有消肿止血作用；但不可食用。

评估等级：LC。

分布：内蒙古、河北、山西、甘肃、江苏、浙江、安徽、江西、福建、广东、广西、四川、云南等地区。

图 3.6　网隙硬皮马勃

3.5 乳牛肝菌科—乳牛肝菌属

短柄黏盖牛肝菌（*Suillus brevipes*）

采集地点：内蒙古自治区兴安盟阿尔山市。

经纬度：47.103 7N，119.563 7E。

海拔：240.59 m。

生境：夏、秋季生于林内地上，单生或群生，与树木形成外生菌根。

特征：子实体一般较小。菌盖直径为2～6.5 cm，表面光滑，黏，呈淡褐色或深褐色。菌肉幼时呈白色，渐变为淡黄色，伤处不变色。菌管呈淡白色至黄白色，直生至延生。管口呈圆形。菌柄短粗，内实，长2～7 cm，粗0.8～1.5 cm，初期呈淡黄白色，后变为淡黄色，顶端有腺点。孢子印呈近肉桂色。短柄黏盖牛肝菌如图3.7所示。

价值：可食用。

评估等级：LC。

分布：内蒙古、安徽、浙江、江西、福建、台湾、湖南、广东、四川、云南等地区。

图3.7　短柄黏盖牛肝菌

点柄乳牛肝菌（*Suillus granulatus*）

采集地点：内蒙古锡林郭勒盟西乌珠穆沁旗古日格斯台国家级自然保护区；内蒙古自治区呼伦贝尔市鄂温克族自治旗内蒙古红花尔基樟子松国家森林公园；内蒙古自治区赤峰市喀喇沁旗旺业甸林场。

经纬度：44.389 5N，118.275 1E；49.055 4N，120.457 0E；41.396 6N，118.220 1E。

海拔：1 291.61 m；680.94 m；1 039.48 m。

生境：夏、秋季生于松树林内地上，散生、群生或丛生，与松树等针叶树形成外生菌根。

特征：菌盖直径为 4～10 cm，初期呈扁半球形，后近扁平，呈淡黄色或黄褐色，湿时较黏，干后有光泽。菌肉呈淡黄色，伤处不变色。菌管初呈苍白色，后呈淡黄色至污黄色，直生至近延生，管口呈角形，直径为 0.5～1 mm，有腺点。菌柄呈近圆柱形，长 2.5～10 cm，粗 8.15 mm，呈淡黄褐色，近等粗或向下渐粗，上部具腺点。点柄乳牛肝菌如图 3.8 所示。

价值：可药用；可食用，但也记载为毒菌，属致胃肠炎型中毒菌，干后再食可避免中毒。

评估等级：LC。

分布：内蒙古、辽宁、河北、山西、山东、江苏、安徽、浙江、湖北、湖南、贵州、云南、西藏等地区。

图 3.8　点柄乳牛肝菌

白柄乳牛肝菌（*Suillus albidipes*）

采集地点：内蒙古自治区呼伦贝尔市鄂温克族自治旗内蒙古红花尔基樟子松国家森林公园。

经纬度：48.164 4N，120.011 9E。

海拔：648.47 m。

生境：秋季生于松树等针叶林内地上，单生或散生，属外生菌根菌。

特征：子实体较小至中等大。菌盖直径为 4～7 cm，初期呈半圆球形，表面黏，呈灰白色或带黄褐色；后期中部呈红褐色，边缘呈粉红色并残留有白色菌幕。菌肉初期呈白色，后渐变淡黄色。管口小，呈近圆形，每毫米 4～5 个，有腺眼。菌柄呈白色。菌管为柱形，直生或弯生，呈淡黄色，长 4～6 cm，粗 1～1.5 cm，基部稍弯曲、膨大，内实。白柄乳牛肝菌如图 3.9 所示。

价值：可食用。

评估等级：LC。

分布：内蒙古、江苏、安徽、浙江、湖北、湖南、贵州、云南、西藏等地区。

图 3.9　白柄乳牛肝菌

黏盖乳牛肝菌（*Suillus bovinus*）

采集地点：内蒙古自治区赤峰市喀喇沁旗旺业甸林场。

经纬度：41.393 3N，118.220 4E。

海拔：1 038.28 m。

生境：夏、秋季生于松树、云杉等针叶林或混交林内地上，散生或群生，与松树等针叶树形成外生菌根。

特征：子实体中等大。菌盖直径为 5～8 cm，初期呈扁半球形，后渐扁平或中部略圆凸，表面呈黄色带淡棕色，黏，光滑。菌肉呈淡黄色，略厚，伤处不变色。菌管呈蜜黄色或橙黄褐色，略延生。管口呈角形复式放射状。菌柄为柱形，与菌盖同色，长 5～7 cm，粗 1～12 mm。菌环膜质，易脱落，顶部具有细网纹，内部松软至空心，基部略膨大。黏盖乳牛肝菌如图 3.10 所示。

价值：可食用；可药用。

评估等级：LC。

分布：内蒙古、安徽、浙江、江西、福建、台湾、湖南、广东、四川、云南等地区。

图 3.10　黏盖乳牛肝菌

腺柄乳牛肝菌（*Suillus glandulosipes*）

采集地点：内蒙古自治区赤峰市喀喇沁旗旺业甸林场。

经纬度：41.397 6N，118.220 1E。

海拔：1 027.28 m。

生境：生于针叶林内。

特征：子实体小。菌盖直径为 2～6 cm，呈半球形或扁半球形至平缓展开，呈淡黄色或暗黄色，光滑，黏，边缘平滑。菌肉呈淡黄色。菌管呈橙黄色，后期具有暗色腺点，管口呈椭圆形至接近圆形。菌柄呈圆柱形，长 3～4 cm，粗 0.5～0.7 cm，与菌盖同色，弯曲，实心，具有黑色腺点。腺柄乳牛肝菌如图 3.11 所示。

价值：可食用。

评估等级：LC。

分布：吉林、四川、西藏、广东、云南、内蒙古等地区。

图 3.11　腺柄乳牛肝菌

亚褐环乳牛肝菌（*Suillus subluteus*）

采集地点：内蒙古自治区乌兰察布市蛮汉山。

经纬度：40.380 2N，112.170 4E。

海拔：1 691.67 m。

生境：夏、秋季生于松树林内地上，群生或散生，与松树形成外生菌根。

特征：菌盖直径为 2.5～10 cm，中部凸起至扁平，胶黏，呈污黄色、黄色或土黄色。菌肉呈白色至淡黄色。菌管呈黄色或淡黄褐色，直生至近延生。菌柄呈圆柱形，长 4～8 cm，粗 6～12 mm，等粗或向下稍粗，呈淡白色至淡黄褐色，上部或全部有腺点，内实或稍空。菌环膜质，位于柄上部。亚褐环乳牛肝菌如图 3.12 所示。

价值：可食用。

评估等级：LC。

分布：内蒙古等地区。

图 3.12　亚褐环乳牛肝菌

第4章 蘑菇纲（鸡油菌目）

4.1 锁瑚菌科—锁瑚菌属

珊瑚状锁瑚菌（*Clavulina coralloides*）

采集地点：内蒙古自治区兴安盟阿尔山市。

经纬度：47.103 7N，119.563 7E。

海拔：240.59 m。

生境：生于阔叶或针叶林内地上，群生。

特征：子实体直径为2～5 cm，高3～6 cm，呈珊瑚状，呈白色或奶油色，从基部呈树枝状分枝，上端的细枝集合成鸡冠状。菌肉呈白色，脆。珊瑚状锁瑚菌如图4.1所示。

价值：可食用，但子实体小，食用意义不大。

评估等级：LC。

分布：内蒙古、黑龙江、山西、江苏、安徽、浙江、海南、广西、广东、贵州、甘肃、青海、新疆、四川、西藏、云南等地区。

图4.1 珊瑚状锁瑚菌

第5章 蘑菇纲（伏革菌目）

5.1 伏革菌科—伏革菌属

玫肉色伏革菌（*Corticium roseocarneum*）

采集地点：内蒙古自治区呼伦贝尔市鄂温克族自治旗内蒙古红花尔基樟子松国家森林公园。

经纬度：48.164 7N，120.047 0E。

海拔：638.37 m。

生境：夏、秋季生于杨、柳、榆、桦等阔叶树伐木桩、枯树干上，属木腐菌。

特征：子实体初期较小，呈斑块状圆形，较薄，反卷平伏于树干上，往往在树干下面背生，向上边缘有窄的菌盖，后期子实体逐渐扩展呈不规则形，相互连接或不连。菌盖大小为（2～5）cm×（4～6）cm。菌盖表面呈红棕色带紫色环纹，边缘有密的短毛。子实层面初期呈淡紫色至紫褐色，渐呈灰褐色或近黄褐色。玫肉色伏革菌如图5.1所示。

价值：不可食用，革质。

评估等级：DD。

分布：安徽、江苏、江西、广东、海南、黑龙江、内蒙古等地区。

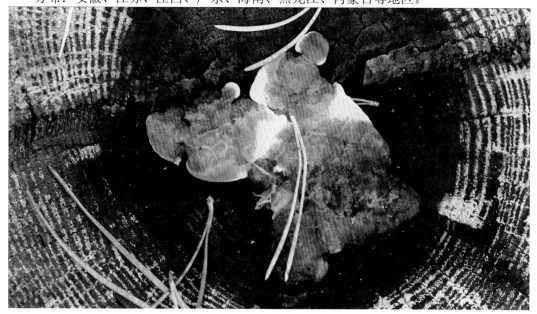

图5.1　玫肉色伏革菌

第6章 蘑菇纲（多孔菌目）

6.1 拟层孔菌科—薄皮孔菌属

树脂薄皮孔菌（*Ischnoderma resinosum*）

采集地点：内蒙古自治区兴安盟阿尔山市。

经纬度：47.103 7N，119.563 7E。

海拔：240.59 m。

生境：夏、秋季生于桦等树干上，侧生或叠生，属木腐菌。

特征：子实体中等大。菌盖大小为（5～7）cm×（9～13）cm，厚 1.5～3 cm，扁平，呈半圆形，基部常下延，初期为柔软肉质，后期变硬或呈木栓质。表皮层薄，表面呈肉色带浅红色，有不明显的同心环带，新鲜时表面有细绒毛，后渐脱落平滑，后期有放射状皱纹，边缘厚而钝，内卷。菌肉鲜时呈近白色且柔软，干后为木栓质，呈蛋壳色至锈色。菌管与菌肉同色，长，管壁薄。管口初期与菌盖同色，后期变锈色，呈圆形至多角形。树脂薄皮孔菌如图 6.1 所示。

价值：引起针叶或阔叶树木材白色腐朽、使朽材松软并常出现白色绢丝状斑纹。

评估等级：LC。

分布：内蒙古、黑龙江、山西、江苏等地区。

图 6.1 树脂薄皮孔菌

6.2　干朽菌科—柄杯菌属

楔形美丽柄杯菌（*Podoscypha venustula*）

采集地点：内蒙古自治区兴安盟阿尔山市。

经纬度：47.103 7N，119.563 7E。

海拔：240.59 m。

生境：生于腐木上，散生或群生。

特征：子实体小。菌盖呈瓣状，近扇形、舌形，偶呈近漏斗状，干时呈浅栗色，革质，光滑，有辐射状条纹和环带，边缘薄，呈不规则钢齿状。子实层呈淡粉灰色，常有辐射状皱纹。菌柄有微细绒毛，基部呈线形。楔形美丽柄杯菌如图6.2所示。

价值：不明。

评估等级：LC。

分布：内蒙古、广东、广西等地区。

图6.2　楔形美丽柄杯菌

6.3 多孔菌科—皮多孔菌属

缩深黄孔菌（*Aurantiporus fissilis*）

采集地点：内蒙古自治区兴安盟阿尔山市。

经纬度：47.103 7N，119.563 7E。

海拔：240.59 m。

生境：秋季生于松树等针叶树伐木桩上，叠生，属木腐菌。

特征：子实体中等大。菌盖大小为（4～6）cm×（7～10）cm，厚2～3 cm。初期呈扁圆形，呈白色，后期表面凹凸不平或有皱纹和平伏绒毛，呈灰白色至带红色，似有环带近光滑，边缘内卷。菌肉初期为白色，肉质，软而多汁，干后变硬，呈蛋壳色至浅蛋壳色，干时易开裂。菌管呈白色。管口呈多角形，初期为白色，后期变肉粉色至淡褐色，有粉红色斑点。缩深黄孔菌如图6.3所示。

价值：幼嫩时可食用，后期木质化；可能有药用价值。

评估等级：LC。

分布：内蒙古、广东、广西、海南、云南、贵州等地区。

图6.3 缩深黄孔菌

6.4 多孔菌科—层孔菌属

木蹄层孔菌（*Fomes fomentarius*）

采集地点：内蒙古自治区兴安盟阿尔山市。

经纬度：47.103 7N，119.563 7E。

海拔：240.59 m。

生境：夏、秋季生于杨、柳、榆、桦、栎、橄等阔叶树树干或木桩上，单生，属木腐菌。

特征：子实体大至巨大，无柄，呈马蹄形。菌盖表面呈灰褐色，大小为（10～25）cm×（15～48）cm，厚8～20 cm。有一层厚的角质皮壳及明显环纹和环棱，边缘钝。菌管为多层，每层厚3～5 mm，呈锈褐色，软木栓质。管口呈灰白色，呈圆形。木蹄层孔菌如图6.4所示。

价值：可药用，味微苦，性平，有消积化瘀作用，用于治疗食道癌、胃癌、子宫肌瘤等；不可食用，硬木质。

评估等级：LC。

分布：香港、广东、广西、云南、贵州、河南、陕西、四川、湖南、湖北、山西、河北、内蒙古、甘肃、吉林、辽宁、黑龙江、西藏、新疆等地区。

图6.4 木蹄层孔菌

6.5 多孔菌科—褶孔菌属

宽褶革褶菌（*Lenzites platyphyllus*）

采集地点：内蒙古自治区兴安盟阿尔山市；内蒙古自治区呼伦贝尔市鄂温克族自治旗内蒙古红花尔基樟子松国家森林公园。

经纬度：47.103 7N，119.563 7E；49.055 4N，120.457 0E。

海拔：240.59 m；680.94 m。

生境：夏、秋季生于椴、杨、柳等阔叶树枯树干或木桩上，属木腐菌。

特征：子实体小至中等大。菌盖木质，呈扁平半圆形或扇形，大小为（2～5）cm×（5～7）cm，厚1～1.5 cm，菌盖表面被有绒毛，具明显的环纹或环带，边缘呈白色、光滑、薄，呈波浪状或瓣裂状。菌肉呈淡黄色至土黄色，厚。菌褶初期呈近白色，后期渐变为土黄色或灰褐色，稍稀，宽，分叉，不等长，弯曲呈迷路状。褶缘完整，无柄，基部狭缩着生于基物。宽褶革褶菌如图6.5所示。

价值：不明，不可食用，木革质。

评估等级：LC。

分布：黑龙江、吉林、辽宁、内蒙古、山西、河北、河南等地区。

图6.5　宽褶革褶菌

6.6　多孔菌科—栓菌属

淡黄褐栓菌（*Trametes ochracea*）

采集地点：内蒙古自治区兴安盟阿尔山市。

经纬度：47.103 7N，119.563 7E。

海拔：240.59 m。

生境：夏、秋季生于多阔叶树活立木、枯立木和倒木上。

特征：担子果一年生，覆瓦状叠生，韧革质。菌盖呈半圆形或扇形，外伸可达 3 cm，宽可达 4 cm，中部厚可达 1.5 cm，表面有细绒毛或近光滑，呈奶油色至红褐色，有同心环带，边缘钝，呈奶油色。菌肉呈乳白色，厚可达 1.0 cm。菌管为一层，长达 5 mm。管口表面呈奶油色至灰褐色，圆形，边缘厚，全缘。淡黄褐栓菌如图 6.6 所示。

价值：不明，可造成木材白色腐朽。

评估等级：LC。

分布：内蒙古、江西、湖北、四川、云南等地区。

图 6.6　淡黄褐栓菌

柔毛栓菌（*Trametes pubescens*）

采集地点：内蒙古自治区兴安盟阿尔山市。

经纬度：47.103 7N，119.563 7E。

海拔：240.59 m。

生境：生于倒木或伐桩上，属木腐菌。

特征：子实体一般中等大。菌盖外伸可达 10 cm，宽 3 cm，覆瓦状生长于基物上，呈半圆形至扇形、贝形，木栓质，表面环带不明，呈白色至灰白色，有密而细的绒毛，边缘薄，呈厚锐或钝，呈波浪状，干后内无菌柄。菌肉呈白色，薄壁，边缘常呈锯形，呈白色。菌管呈白色。管口呈圆形。柔毛栓菌如图 6.7 所示。

价值：可用于试验抗癌；可引起木材腐朽。

评估等级：LC。

分布：内蒙古、广西、海南、云南、贵州等地区。

图 6.7　柔毛栓菌

变色栓菌（*Trametes versicolor*）

采集地点：内蒙古自治区呼伦贝尔市鄂温克族自治旗内蒙古红花尔基樟子松国家森林公园。

经纬度：48.164 7N：120.041 7E。

海拔：633.39 m。

生境：春至秋季生于多种阔叶树倒木、枯枝和树桩上。

特征：担子果一年生。菌盖呈扇形或贝壳状，外伸可达 8 cm，宽可达 10 cm，基部厚可达 3 mm，往往相互连接在一起呈覆瓦状，革质，表面有细长线毛和褐色、灰褐色和污白色等多种颜色组成的狭窄同心环带。绒毛常有绢丝光泽，边缘薄，呈完整或波浪状。菌肉呈白色，薄。无菌柄。管口呈白色、淡黄色或灰色。变色栓菌如图 6.8 所示。

价值：可药用；可造成木材白色腐朽。

评估等级：LC。

分布：全国各地。

图 6.8　变色栓菌

第7章 蘑菇纲（黏褶菌目）

7.1 黏褶菌科—黏褶菌属

篱边黏褶菌（*Gloeophyllum sepiarium*）

采集地点：内蒙古自治区呼伦贝尔市鄂温克族自治旗内蒙古红花尔基樟子松国家森林公园。

经纬度：48.164 7N，120.048 7E。

海拔：633.39 m。

生境：夏、秋季生于松、云杉等针叶树倒木或木桩上，单生，属木腐菌。

特征：子实体中等大或很大。菌盖大小为（7～11）cm×（6～12）cm，厚0.5～1 cm，呈长扁平球形、椭圆形，平伏，边缘上翘。表面老组织呈褐红色至棕黑色，有粗绒毛及宽环带，边缘薄而锐，呈波浪状；新生组织呈亮红黄色。菌褶呈黄褐色至锈褐色，密，窄，宽0.1～0.3 cm，不等长。无菌柄。篱边黏褶菌如图7.1所示。

价值：不明，不可食用。

评估等级：LC。

分布：内蒙古、黑龙江、辽宁、西藏等地区。

图7.1 篱边黏褶菌

第 8 章　蘑菇纲（钉菇目）

8.1　钉菇科—枝瑚菌属

密枝瑚菌（*Ramaria stricta*）

采集地点：内蒙古自治区乌兰察布市蛮汉山。

经纬度：40.380 2N，112.170 6E。

海拔：1 682.68 m。

生境：生于针阔叶树腐木或枯枝上，群生。

特征：担子果高 4～8 cm，多分枝，初期呈淡黄色、皮革色或土黄色，有时带肉色，后变为褐黄色。基部有白色菌丝团，并有根状菌索。菌肉呈白色或淡黄色，内实。菌柄短，呈不规则二叉状，分枝数次，形成直立、细而密的小枝，最终尖端有 2 个或 3 个小齿。密枝瑚菌如图 8.1 所示。

价值：可食用。

评估等级：NT。

分布：内蒙古、山西、黑龙江、吉林、安徽、海南、西藏、四川、河北、广东、云南等地区。

图 8.1　密枝瑚菌

8.2 铆钉菇科—色铆钉菇属

绒红色钉菇（*Chroogomphus tomentosus*）

采集地点：内蒙古锡林郭勒盟西乌珠穆沁旗古日格斯台国家级自然保护区；内蒙古自治区赤峰市喀喇沁旗旺业甸林场。

经纬度：44.389 5N，118.275 1E；41.396 6N，118.220 1E。

海拔：1 291.61 m；1 039.48 m。

生境：秋季生于松树林内地上。

特征：子实体中等大。菌盖直径为 5~7 cm，呈圆锥形，伸展后为丘形，有时中部稍凹或呈漏斗状，表面干或湿，湿时稍黏，呈桃粉色或橙黄色至带褐淡黄色，中部暗色；干后呈红褐色，有平伏、棉毛状的鳞片，盖缘向内卷。菌肉鲜时软，呈带褐色的淡黄色，干后变桃粉色。菌褶延生，稀，有分叉，全缘，后期呈灰色。菌柄长 5~9 cm，粗 0.8~2.5 cm，几乎同色，内实，呈肉黄色，柔软。绒红色钉菇如图 8.2 所示。

价值：可食用。

评估等级：LC。

分布：内蒙古、吉林、西藏等地区。

图 8.2　绒红色钉菇

血红色钉菇（*Chroogomphus rutilus*）

采集地点：内蒙古自治区赤峰市喀喇沁旗旺业甸林场；内蒙古自治区兴安盟阿尔山市；内蒙古自治区呼伦贝尔市鄂温克族自治旗内蒙古红花尔基樟子松国家森林公园。

经纬度：44.389 5N，118.275 1E；47.297 9N，119.692 5E；49.055 4N，120.457 0E。

海拔：1 291.61 m；248.14 m；680.94 m。

生境：生于松树林中地上的杂草丛林之间，群生、散生或单生，与松树形成外生菌根。

特征：子实体小型。菌盖宽 3～8 cm，初期呈钟形或近圆锥形，后平展，中部凸起，呈浅咖啡色，光滑，湿时黏，干时有光泽。菌肉鲜时带红色；干后呈淡紫红色，近菌柄基部带黄色。菌褶呈青黄色变至紫褐色，延生，稀，不等长。菌柄呈圆柱形且向下渐细，长6～10 cm，粗 1.5～2.5 cm，稍黏，与菌盖色相近且基部带黄色，实心，上部往往有易消失的菌环。血红色钉菇如图 8.3 所示。

价值：可食用；可药用，用于治疗神经性皮炎。

评估等级：LC。

分布：内蒙古、河北、山西、吉林、黑龙江、辽宁、云南、西藏、广东、湖南、四川等地区。

图 8.3　血红色钉菇

8.3 铆钉菇科—暗锁瑚菌属

冷杉暗锁瑚菌（*Phaeoclavulina abietina*）

采集地点：内蒙古自治区兴安盟阿尔山市；内蒙古自治区呼伦贝尔市鄂温克族自治旗内蒙古红花尔基樟子松国家森林公园。

经纬度：47.103 7N，119.563 7E；49.055 4N，120.457 0E。

海拔：240.59 m；680.84 m。

生境：夏、秋季生于针叶林内枯枝落叶层上，群生，易形成蘑菇圈。

特征：担子果高4～10 cm，多分枝，呈灰黄色、黄褐色至肉桂色。菌柄短或无菌柄，基部具白色绒毛，伤处及其附近枝变青绿色。分枝细长，不规则，直立，密集，1～3次分枝，稍内弯，质脆，柔软，枝端呈叉状，尖削，色淡。菌肉呈白色。冷杉暗锁瑚菌如图8.4所示。

价值：可食用。

评估等级：LC。

分布：内蒙古、广西、广东、贵州、甘肃等地区。

图 8.4　冷杉暗锁瑚菌

第9章 蘑菇纲（红菇目）

9.1 耳匙菌科—悬革菌属

杯密瑚菌（*Artomyces pyxidatus*）

采集地点：内蒙古自治区呼伦贝尔市鄂温克族自治旗内蒙古红花尔基樟子松国家森林公园。

经纬度：48.164 7N，120.047 0E。

海拔：638.37 m。

生境：夏、秋季生于林内腐木上，群生或单生。

特征：子实体高 3～13 cm，呈近白色或淡黄色，老后或受伤后变暗土黄色或带灰粉红色。菌肉呈白色或略带灰色，质较韧。从下向上形成多次轮状分枝，菌柄纤细，粗 0.15～0.25 cm，向上逐渐膨大，形成杯状，从杯状的边缘发出一轮小枝，这样多次从下向上分枝，最上层小枝顶端有 4～7 个微小分枝。杯密瑚菌如图 9.1 所示。

价值：可食用。

评估等级：NT。

分布：内蒙古、山西、辽宁等地区。

图 9.1　杯密瑚菌

9.2 红菇科—乳菇属

疣疼乳菇（*Lactarius torminosus*）

采集地点：内蒙古自治区兴安盟阿尔山市；内蒙古自治区呼伦贝尔市鄂温克族自治旗内蒙古红花尔基樟子松国家森林公园。

经纬度：47.103 7N，119.563 7E；49.055 4N，120.457 0E。

海拔：240.59 m；680.94 m。

生境：秋季生于林内地上，单生或散生，与桦等树木形成菌根。

特征：子实体中等大。菌盖直径为 4~11 cm，初期呈扁半球形，后中部下凹呈浅漏斗状，边缘内卷，呈深蛋壳色至淡土黄色，具同心环纹，边缘有白色长绒毛。菌肉呈白粉色，伤处不变色，乳汁为白色，不变色，味苦。菌褶初期呈白色，后期呈粉红色至锈色，直生至延生，较密。菌柄呈圆柱形，长 5~8 cm，粗 1.0~1.5 cm，与菌盖同色，内部较松软。疣疼乳菇如图 9.2 所示。

价值：不明，不可食用，有毒。

评估等级：LC。

分布：黑龙江、吉林、河北、山西、四川、广东、甘肃、青海、内蒙古等地区。

图 9.2 疣疼乳菇

绒白乳菇（*Lactarius vellereus*）

采集地点：内蒙古自治区呼伦贝尔市鄂温克族自治旗内蒙古红花尔基樟子松国家森林公园。

经纬度：48.163 2N，120.026 2E。

海拔：685.52 m。

生境：秋季生于混交林或叶林内地上，单生或散生，与树木形成外生菌根。

特征：子实体中等大至大型。菌盖直径为9～18 cm，初期呈扁半球形，后期中央下凹，呈漏斗状；新鲜时呈乳白色，表面密被细绒毛；老后呈黄色，边缘内卷至展。菌肉呈白色，厚，味苦。乳汁呈白色，不变色。菌柄粗短，呈圆柱形，往往稍偏或下部渐细，有细线毛，实心。绒白乳菇如图9.3所示。

价值：可药用，有驱风散寒、舒筋活络的功效；有微毒，不宜食用。

评估等级：LC。

分布：辽宁、陕西、安徽、福建、湖南、四川、内蒙古、云南等地区。

图9.3　绒白乳菇

红汁乳菇（*Lactarius hatsudake*）

采集地点：内蒙古自治区通辽市科尔沁左翼后旗甘旗卡镇双合尔公园。

经纬度：42.573 4N，122.202 7E。

海拔：257.76 m。

生境：秋季生于林内地上，单生或散生，与树木形成外生菌根。

特征：子实体小至中等大。菌盖直径为 5～9 cm，中央下凹呈浅漏斗状，色泽不均，呈橙红色带白斑色，有不明显环纹，湿时黏，幼时边缘内卷。菌肉呈橙黄色，较厚。乳汁为绿色，伤处变青绿色。菌褶呈红色，稍延生，稍密，伤处变青绿色或蓝灰色。菌柄呈柱形，长 5～8 cm，粗 1.5～2 cm，与菌盖同色或比菌盖色深，近平滑，内部有髓，松软至空心。红汁乳菇如图 9.4 所示。

价值：可食用，味一般。

评估等级：LC。

分布：内蒙古、安徽、吉林、辽宁、江苏、福建、广东、广西、四川、云南、贵州、西藏等地区。

图 9.4　红汁乳菇

似白乳菇（*Lactarius scoticus*）

采集地点：内蒙古自治区通辽市科尔沁左翼后旗甘旗卡镇双合尔公园。

经纬度：42.573 4N，122.202 7E。

海拔：257.76 m。

生境：夏季生于林地内，群生。

特征：菌盖直径为 3.5～6 cm，呈半球形，中部稍下凹，表面光滑，呈白色或污白色，中间色深，呈黄色或金黄色，边缘内卷并有绒毛。菌肉呈白色，伤处变淡黄色，具有轻微辣味。乳汁呈白色，不变色。菌褶呈白色，密，延生，等长。菌柄呈圆柱形，呈白色，实心。似白乳菇如图 9.5 所示。

价值：不明。

评估等级：DD。

分布：内蒙古、云南、四川、湖南、辽宁、吉林、河南、山东、贵州、安徽等地区。

图 9.5　似白乳菇

9.3 红菇科—红菇属

铜绿红菇（*Russula aeruginea*）

采集地点：内蒙古自治区兴安盟阿尔山市。

经纬度：47.103 7N，119.563 7E。

海拔：240.59 m。

生境：夏、秋季生于林内地上，单生或群生，与树木形成外生菌根。

特征：菌盖直径为 3～8 cm，初期呈半球形，后平展，中部下凹，呈青绿色至暗灰绿色，中部较深，湿时黏，表皮易剥落。菌肉呈白色，中部较厚，无味。菌褶初期呈白色至乳白色，后期呈淡黄色，直生，等长或有少量小菌褶，基部有少数分叉，密。菌柄呈圆柱形，长 3～8 cm，粗 8～20 mm，呈白色，平滑，等粗或向下稍细，内部松软，后中空。铜绿红菇如图 9.6 所示。

价值：可食用，见于市场出售，但也有人认为有毒不能食用。

评估等级：LC。

分布：内蒙古、四川、云南、吉林、广东等地区。

图 9.6　铜绿红菇

蓝黄红菇（*Russula cyanoxantha*）

采集地点：内蒙古自治区兴安盟阿尔山市。

经纬度：47.1037 7N，119.563 7E。

海拔：240.59 m。

生境：夏、秋季生于阔叶林内地上，散生至群生，与树木形成外生菌根。

特征：菌盖直径为 5～15 cm，初期呈扁半球形，伸展后下凹，颜色多样，呈暗紫灰色、紫褐色、紫灰色带点绿，后期常呈淡青褐色、绿灰色且往往各色混杂，黏，表皮薄，易自边缘剥离，有时开裂，边缘平滑，或有不明显条纹。菌肉呈白色，表皮下呈淡红色或淡紫色。菌褶呈白色，近直生，不等长，分叉或基部分叉，褶间有横脉，老后有锈色斑点。菌柄呈圆柱形，长 4.5～9.0 cm，粗 13～30 mm，呈白色，内部松软。蓝黄红菇如图 9.7 所示。

价值：可食用；可药用。

评估等级：LC。

分布：内蒙古、吉林、陕西、青海、江苏、安徽、福建、广西、四川等地区。

图 9.7　蓝黄红菇

血红菇（*Russula sanguinea*）

采集地点：内蒙古自治区兴安盟阿尔山市；内蒙古自治区呼伦贝尔市鄂温克族自治旗内蒙古红花尔基樟子松国家森林公园；内蒙古自治区赤峰市喀喇沁旗旺业甸林场。

经纬度：47.103 7N，119.563 7E；49.055 4N，120.457 0E；41.396 6N，118.220 1E。

海拔：240.59 m；680.94 m；1 039.48 m。

生境：生于松林内地上，散生或群生，与树木形成外生菌根。

特征：子实体一般中等大。菌盖直径为 3～10 cm，中部下凹，呈大红色，干后带紫色，老后往往呈局部或片状褪色。菌肉呈白色，不变色，味辛辣。菌褶初期呈白色，老后变为乳黄色，延生，稍密，等长。菌柄呈近圆柱形或近棒状，长 5～8 cm，粗 1～2 cm，通常呈珊瑚红色，罕为白色，老后或触摸处带橙黄色，内实。孢子印呈淡黄色。血红菇如图 9.8 所示。

价值：可食用。

评估等级：LC。

分布：内蒙古、河南、河北、浙江、福建、云南等地区。

图 9.8　血红菇

多隔皮囊体红菇（*Russula veternosa*）

采集地点：内蒙古自治区兴安盟阿尔山市。

经纬度：47.103 7N，119.563 7E。

海拔：240.59 m。

生境：夏、秋季生于林内地上，群生或单生，与树木形成外生菌根。

特征：菌盖直径为 3～10 cm，呈扁半球形，后近平展，中部下凹，菌盖表面湿时黏，呈暗血红色至紫红色，中部常褪为淡黄色或近白色，表皮仅边缘部分可剥落，缘薄，平滑，老时有明显棱纹。菌肉呈白色，表皮下带红色。菌褶初期呈白色，后期变浅黄色，直生，密，等长或个别褶间有小褶，少数分叉。菌柄呈圆柱形，长 7～8.5 cm，等粗，呈白色，光滑，脆，内部海绵质，后中空。多隔皮囊体红菇如图 9.9 所示。

价值：不明。

评估等级：LC。

分布：内蒙古、河北、浙江、福建、云南等地区。

图 9.9 多隔皮囊体红菇

灰黄红菇（*Russula claroflava*）

采集地点：内蒙古自治区兴安盟阿尔山市。

经纬度：47.103 6N，119.563 7E。

海拔：238.42 m。

生境：夏、秋季生于阔叶林内地上，散生或群生，与树木形成外生菌根。

特征：子实体小或中等大。菌盖直径为 3～7 cm，中部略下凹，呈亮黄色，黏，平滑，边缘无条纹。菌肉呈白色。菌褶呈污白色至淡黄色，接近离生，较宽，不等长。菌柄长 3～7 cm，粗 0.8～2.1 cm，呈白色。灰黄红菇如图 9.10 所示。

价值：可食用。

评估等级：LC。

分布：内蒙古、黑龙江、吉林、安徽、河南、甘肃、陕西、四川、贵州等地区。

图 9.10　灰黄红菇

紫褐红菇（*Russula brunneoviolacea*）

采集地点：内蒙古自治区呼伦贝尔市鄂温克族自治旗内蒙古红花尔基樟子松国家森林公园。

经纬度：48.163 2N，120.024 2E。

海拔：686.49 m。

生境：夏、秋季生于混交林内地上，单生或散生，与树木形成外生菌根。

特征：子实体较小或中等大。菌盖直径为 3～6 cm，初期呈扁半球形，后平展至中间下凹，湿时黏，表面呈紫褐色至暗酒红色，中部色较深，并有微颗粒或呈绒状，边缘平滑具隐条纹。菌肉为白色。菌褶为乳白色或淡黄色，有分叉及横脉，不等长，离生。菌柄呈圆柱形，长 3～6 cm，粗 1～1.5 cm，呈白色，内部松软或中空。紫褐红菇如图 9.11 所示。

价值：可食用。

评估等级：LC。

分布：福建、内蒙古、新疆等地区。

图 9.11　紫褐红菇

褪色红菇（*Russula decolorans*）

采集地点：内蒙古自治区呼伦贝尔市鄂温克族自治旗内蒙古红花尔基樟子松国家森林公园。

经纬度：48.163 2N，120.028 2E。

海拔：685.69 m。

生境：秋季生于松树林内地上，单生或散生。

特征：子实体小至中等大。菌盖直径为 4～10 cm，初期呈半球形，后期平展至中部下凹，初期呈橙红色或橙褐色，后期部分褪至深蛋壳色或蛋壳色，有时为土黄色或肉桂色；黏，边缘薄，平滑，老后有短条纹。菌肉呈白色，老后或伤后变为灰色、灰黑色，特别是菌柄处的菌肉在老后有黑色杂点。菌褶初期呈白色，后呈乳黄色至浅黄赭色，后期变灰黑色或褶缘为黑色；菌柄处的菌褶有分叉，弯生至离生，具横脉。菌柄常呈圆柱形，或向上细而基部呈近棒状，长 4～9 cm，粗 1～2 cm，初为白色，后变为浅灰色，内实，后松软。褪色红菇如图 9.12 所示。

经济：可食用，但当地群众很少采食。

评估等级：LC。

分布：河北、吉林、内蒙古、四川、江苏、西藏等地区。

图 9.12　褪色红菇

细皮囊体红菇（*Russula velenovskyi*）

采集地点：内蒙古自治区赤峰市喀喇沁旗旺业甸林场。

经纬度：41.398 3N，118.220 4E。

海拔：1 024.90 m。

生境：夏、秋季生于阔叶林内地上，散生至群生，与树木形成外生菌根。

特征：菌盖直径为 4～6 cm，初期呈半球形，后渐平展，中央稍下凹，边缘有时上翘，具短条纹，光滑，湿时稍黏，呈浅红棕色，中央呈黄色。菌肉呈白色，无明显气味，伤处不变色。菌褶呈白色，干后变浅黄色，直生。菌柄呈圆柱形，长 3～8 cm，粗 8.0 mm，下粗，呈白色，中实，松软。细皮囊体红菇如图 9.13 所示。

价值：可食用。

评估等级：LC。

分布：内蒙古、黑龙江、辽宁、云南、西藏、广东、湖南、四川等地区。

图 9.13 细皮囊体红菇

光亮红菇（*Russula nitida*）

采集地点：内蒙古自治区赤峰市喀喇沁旗旺业甸林场。

经纬度：41.397 3N，118.220 4E。

海拔：1 028.37 m。

生境：夏、秋季生于阔叶林内地上，单生或散生，与树木形成外生菌根。

特征：子实体小。菌盖直径为 2～6 cm，初期呈扁半球形，后期中部下凹或近平展，表面湿润而光亮，近平滑，色彩较多变，呈浅紫褐色、灰紫褐色、酒紫褐色或带红紫褐色，往往色彩不均或中部色彩深；边缘平直，有细条棱，老后开裂。菌肉呈白色，质脆。菌褶呈乳黄色或稍深，直生至离生，一般等长，有时靠近柄部分叉。菌柄呈近棒状、柱形，呈白色，内部松软。光亮红菇如图 9.14 所示。

价值：可食用，但味差，麻苦，当地群众一般不采食。

评估等级：LC。

分布：内蒙古、四川、云南等地区。

图 9.14　光亮红菇

9.4 韧革菌科—韧革菌属

杯状韧革菌（*Stereum cyathoides*）

采集地点：内蒙古自治区兴安盟阿尔山市。

经纬度：47.103 7N，119.563 7E。

海拔：240.59 m。

生境：生于阔叶树枯立木上。

特征：子实体薄，平伏，于枯枝杆下面背着生，边缘有窄的菌盖。菌盖直径为3～7 cm，表面呈灰白色，有密的短毛。子实层面初期呈淡紫色到紫色，渐呈灰褐色或近褐黄色，近平滑。杯状韧革菌如图9.15所示。

价值：可产生草酸，含纤维素分解酶，可应用于食品加工等方面；可导致木材白色腐朽。

评估等级：LC。

分布：内蒙古、黑龙江、吉林、辽宁、河北、河南、山东、山西等地区。

图9.15 杯状韧革菌

第 10 章　蘑菇纲（革菌目）

10.1　革菌科—革菌属

掌状革菌（*Thelephora palmata*）

采集地点：内蒙古自治区兴安盟阿尔山市；内蒙古自治区呼伦贝尔市鄂温克族自治旗内蒙古红花尔基樟子松国家森林公园。

经纬度：47.103 7N，119.563 7E；49.055 4N，120.457 0E。

海拔：240.59 m；680.94 m。

生境：夏、秋季生于松树等针叶林内地上，散生或丛生。

特征：子实体较小或中等大，革质，多个分枝，直立，由呈瓣状、扁平的裂片组成，高 4～7 cm。子实层呈灰褐色，有辐射状皱纹。菌盖表面呈褐棕色，较光滑，有辐射状条纹和深浅不同的环带；边缘薄，呈灰白色，为不规则齿状。菌肉薄，近纤维质或革质。菌柄较短，呈暗灰色至紫褐色，基部呈绒丝状相连生长在一起。掌状革菌如图 10.1 所示。

价值：可食用，有海藻味。

评估等级：LC。

分布：内蒙古、安徽、江苏、江西、广东、海南等地区。

图 10.1　掌状革菌

莲座革菌（*Thelephora vialis*）

采集地点：内蒙古自治区兴安盟阿尔山市。

经纬度：47.103 7N，119.563 7E。

海拔：240.59 m。

生境：夏、秋季生于松树林内地上，丛生。

特征：子实体较小或中等大，单个生长或由数个杯状或漏斗状的个体层叠生长组成，单个子实体小。子实层中部呈褐紫色，边缘呈灰白色，有环纹和辐射状皱纹。菌盖直径为2.0～5.0 cm，呈棕色至褐红色，有环纹，表面平滑；边缘呈白色，呈波浪状或齿状。菌肉革质。菌柄短，呈扁圆形，长 1～3 cm，粗 0.2～0.3 cm，呈灰白色。莲座革菌如图 10.2 所示。

价值：可药用；不可食用，革质，气味有时臭。

评估等级：LC。

分布：内蒙古、青海、江苏、安徽、浙江等地区。

图 10.2　莲座革菌

第 11 章　花耳纲（花耳目）

11.1　花耳科—假花耳属

匙盖假花耳（*Dacryopinax spathularia*）

采集地点：内蒙古自治区呼伦贝尔市鄂温克族自治旗内蒙古红花尔基樟子松国家森林公园。

经纬度：48.163 7N，120.047 8E。

海拔：623.23 m。

生境：春至秋季生于针叶树或阔叶树的腐木上。

特征：子实体群生或丛生，胶质，有偏生的短柄，呈桂花状，高 0.5～1.5 cm，直径约 0.7 cm。子实层生于子实体的下侧，新鲜时呈黄色、橙黄色，干后呈橙黄色至红褐色。柄新鲜时光滑，湿润有纵皱；干后有明显的棱脉，棱脉沿柄直达外侧。匙盖假花耳如图 11.1 所示。

价值：可食用，含胡萝卜素；可使液体发酵。

评估等级：LC。

分布：全国各地。

图 11.1　匙盖假花耳

11.2　未定科—斑褶菇属

粪生斑褶菇（*Panaeolus fimicola*）

采集地点：内蒙古自治区赤峰市喀喇沁旗旺业甸林场。

经纬度：41.397 3N，118.220 4E。

海拔：1 028.37 m。

生境：夏、秋季生于马粪及其周围的地上，散生或群生。

特征：菌盖直径为 1.5～3 cm，初期呈圆锥形至钟形，后伸展为扁半球形或半球形，中部稍凸起，盖面光滑，呈灰白色至灰褐色，中部呈黄褐色至茶褐色，边缘有暗色环带。菌肉色淡，薄，中部稍厚。菌褶呈灰褐色，直生，褶缘呈白色。菌柄呈圆柱形，长 6～9 cm，粗 2～3 mm，等粗，呈褐色，向基部颜色渐深，中空。粪生斑褶菇如图 11.2 所示。

价值：不明，有毒。

评估等级：LC。

分布：内蒙古、甘肃、陕西、新疆、青海、西藏、四川、河北等地区。

图 11.2　粪生斑褶菇

11.3　未定科—附毛菌属

二形附毛菌（*Trichaptum biforme*）

采集地点：内蒙古自治区赤峰市喀喇沁旗旺业甸林场；内蒙古自治区兴安盟阿尔山市。

经纬度：41.395 3N，118.220 4E；47.297 9N，119.692 5E。

海拔：1 032.8 m；248.14 m。

生境：夏、秋季生于杨、柳、榆、桦阔叶树的枯木桩上，属木腐菌。

特征：子实体左右相连贴生。菌盖外伸可达 2 cm，宽可达 5 cm，呈扇形，表面呈灰白色，具有浅土黄色相间的环纹，边缘薄，完整或呈波浪状。菌肉呈近白色。菌孔表面初期呈浅黄褐色，后期呈蜡色至褐色。管口不规形，往往裂成齿状。二形附毛菌如图 11.3 所示。

价值：不可食用，但可药用，据报道有抗菌作用。

评估等级：LC。

分布：内蒙古、黑龙江、吉林、北京、江西、湖北、四川、云南等地区。

图 11.3　二形附毛菌

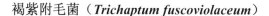

褐紫附毛菌（*Trichaptum fuscoviolaceum*）

采集地点：内蒙古自治区呼伦贝尔市鄂温克族自治旗内蒙古红花尔基樟子松国家森林公园。

经纬度：48.163 7N，120.034 8E。

海拔：647.38 m。

生境：夏、秋季生于松树的枯树干上，叠生。

特征：子实体较小。菌盖呈半圆形或伞形，大小为（2～4）cm×（5～9）cm，厚1～2 cm，表面呈深绿色至墨绿色，被粗毛，具有环纹；边缘呈灰白色，薄，呈波浪状。菌盖往往左右相互连接，覆瓦状叠生，湿时柔软，干时硬。菌肉薄，厚约 1 mm。子实层面呈褐红色，形成薄的齿状突起，接近放射状排列。褐紫附毛菌如图 11.4 所示。

价值：可药用。

评估等级：LC。

分布：辽宁、吉林、河北、内蒙古、西藏等地区。

图 11.4　褐紫附毛菌

第 2 篇

子囊菌门

第 12 章　锤舌菌纲（柔膜菌目）

12.1　绿杯盘菌科—绿钉菌属

小孢绿杯盘菌（*Chlorociboria aeruginascens*）

采集地点：内蒙古自治区赤峰市喀喇沁旗旺业甸林场。

经纬度：41.399 3N，118.220 3E。

海拔：1 039.73 m。

生境：夏、秋季生于林地倒腐木上，群生或散生。

特征：子囊盘小型，直径为 3～5 cm，呈小盘、碗状或近漏斗状，呈蓝绿色，内层色深，外层色稍浅，往往边缘稍内卷或呈波状，蜡质，干时近革质。菌柄短。子囊近长棒状。小孢绿杯盘菌如图 12.1 所示。

经济：不明，食用毒性也不明，当地人不采食；其着生木材常被染为蓝绿色。

评估等级：LC。

分布：内蒙古、黑龙江、吉林、辽宁等地区。

图 12.1 小孢绿杯盘菌

第13章 盘菌纲(盘菌目)

13.1 马鞍菌科—马鞍菌属

皱马鞍菌(*Helvella crispa*)

采集地点:内蒙古自治区兴安盟阿尔山市。

经纬度:47.103 7N,119.563 7E。

海拔:240.59 m。

生境:夏、秋季生于林内地上,散生或群生。

特征:菌盖呈马鞍形,往往呈不规则的瓣片,宽 1.5~4.0 cm,呈乳白色或淡黄色,平或卷曲,边缘与菌柄分离。菌柄有深槽,长 3~8 cm,粗 1~2 cm,呈白色。皱马鞍菌如图 13.1 所示。

价值:可食用,但也记载为毒菌,属致神经精神型中毒菌。

评估等级:LC。

分布:内蒙古、黑龙江、山西等地区。

注:皱马鞍菌又称作皱柄马鞍菌。

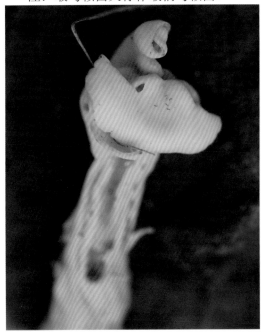

图 13.1 皱马鞍菌

多洼马鞍菌（*Helvella lacunosa*）

采集地点：内蒙古自治区兴安盟阿尔山市。

经纬度：47.103 7N，119.563 7E。

海拔：240.59 m。

生境：夏、秋季生于林内地上，单生、散生至群生。

特征：菌盖呈马鞍形，直径为 1～5 cm，呈褐色或暗褐色，表面平整或不规则卷曲，边缘有数点连在柄上。菌柄具纵向沟槽，长 3～10 cm，粗 0.4～1.5 cm，呈灰白至灰色。多洼马鞍菌如图 13.2 所示。

价值：可食用。

评估等级：LC。

分布：内蒙古、黑龙江、山西、安徽等地区。

注：多洼马鞍菌又称作棱柄马鞍菌、木耳蘑。

图 13.2　多洼马鞍菌

13.2 羊肚菌科—羊肚菌属

小顶羊肚菌（*Morchella angusticeps*）

采集地点：内蒙古自治区通辽市科尔沁左翼后旗甘旗卡镇双合尔公园。

经纬度：42.569 2N，122.202 9E。

海拔高度：269.92 m。

生境：春季生于林缘草地上，散生。

特征：菌盖呈狭圆锥形，顶端尖，高 2～5 cm，基部宽 1.7～3.5 cm。凹坑多呈长方形，蛋壳色；棱纹呈黑色，纵向排列，由横脉连接。菌柄呈近圆柱形，长 3～5 cm，粗 1～2 cm，呈乳白色，上部平，基部稍有凹槽。小顶羊肚菌如图 13.3 所示。

价值：可食用；可药用。

评估等级：LC。

分布：内蒙古、山西、青海、四川、云南、西藏等地区。

图 13.3　小顶羊肚菌

13.3　火丝菌科—埋盘菌属

沙生地孔菌（*Geopora arenicola*）

采集地点：内蒙古自治区兴安盟阿尔山市。

经纬度：47.103 7N，119.563 7E。

海拔：240.59 m。

生境：夏、秋季生于林中沙土地上，散生或群生。

特征：子囊果大部分埋在沙土中，呈深杯状，后期上部呈裂瓣状，直径为 1～2.6 cm，外部呈淡褐色，被淡褐色至褐色密毛，毛弯曲，有横隔。子实层呈灰白色至棕灰色。沙生地孔菌如图 13.4 所示。

价值：不明，不可食用。

评估等级：DD。

分布：河北、山西、内蒙古、山西等地区。

注：沙生地孔菌又称作地钵。

图 13.4　沙生地孔菌

13.4 火丝菌科—垫盘菌属

橘红垫盘菌（*Pulvinula convexella*）

采集地点：内蒙古自治区通辽市科尔沁左翼后旗甘旗卡镇双合尔公园。

经纬度：42.563 8N，122.202 6E。

海拔：269.92 m。

生境：夏、秋季生于林内地上，尤其在杨树林内沙土地上常见。

特征：子囊呈盘状，无柄，直径达 2～10 mm。子实层表面呈黄色、橙黄色、粉红橙色至红色。子囊托表面颜色较淡，平滑。橘红垫盘菌如图 13.5 所示。

价值：不明。

评估等级：无。

分布：西藏、青海、内蒙古、黑龙江等地区。

图 13.5 橘红垫盘菌

第3篇

变形虫门

第14章 黏菌纲（无丝目）

14.1 筒菌科—粉瘤菌属

粉瘤菌（*Lycogala epidendrum*）

采集地点：内蒙古自治区兴安盟阿尔山市。

经纬度：47.103 7N，119.563 7E。

海拔：240.59 m。

生境：生于腐木或立枯木上。

特征：复囊体直径为 3～15 mm，呈近球形至扁球形或互挤而不规整，呈粉色、粉灰色、黄褐色至深青褐色，皮层薄而有黄色小鳞片，呈非网格状或仅粗糙，从顶部开裂。粉瘤菌如图 14.1 所示。

价值：子实体可做外敷药，有消除黏膜发炎作用。

评估等级：不明。

分布：河北、山西、内蒙古、黑龙江等地区。

图 14.1　粉瘤菌

参 考 文 献

[1] 卯晓岚. 中国经济真菌[M]. 北京：科学出版社，1998.

[2] 包海鹰. 毒蘑菇化学成分与药理活性的研究[M]. 呼和浩特：内蒙古教育出版社，2006.

[3] 迟会敏，刘玉. 马勃治疗足癣的疗效观察[J]. 中国社区医师，2003，18（10）：43.

[4] 戴玉成，图力古尔. 中国东北野生食药用真菌图志[M]. 北京：科学出版社，2007.

[5] 戴玉成，周丽伟，杨祝良，等. 中国食用菌名录[J]. 菌物学报，2010，29（1）：1-21.

[6] 戴玉成，图力古尔，崔宝凯，等. 中国药用真菌图志[M]. 哈尔滨：东北林业大学出版社，2013.

[7] 邓志鹏，孙隆儒. 中药马勃的研究进展[J]. 中药材，2006，29（9）：996-998.

[8] 丁玉香. 东北地区口蘑属和杯伞属及其相关属的分类学研究[D]. 长春：吉林农业大学，2017.

[9] 贺新生. 《菌物字典》第10版菌物分类新系统简介[J]. 中国食用菌，2009，28（6）：59-61.

[10] 黄年来. 中国大型真菌原色图鉴[M]. 北京：中国农业出版社，1998.

[11] 姜海燕，吴金峰，赵胜国，等. 内蒙古高格斯台罕乌拉自然保护区大型菌物图鉴[M]. 哈尔滨：哈尔滨工业大学出版社，2021.

[12] 赖普辉，田光辉，周选围. 鸡腿蘑的营养成分研究[J]. 汉中师范学院学报（自然科学），1998，16（2）：45-47.

[13] 李茹光. 东北地区大型经济真菌[M]. 长春：东北师范大学出版社，1993.

[14] 李泰辉. 《中国大型菌物资源图鉴》中我国原产或特有种类资源介绍[C]//中国菌物学会. 中国菌物学会2015年学术年会论文摘要集. 北京：中国菌物学会，2015.

[15] 李玉，李泰辉，杨祝良，等. 中国大型菌物资源图鉴[M]. 郑州：中原农民出版社，2015.

[16] 李玉，图力古尔. 中国长白山蘑菇[M]. 北京：科学出版社，2003.

[17] 连俊文. 内蒙古大兴安岭食用菌资源[J]. 中国食用菌，1994，13（5）：19-20.

[18] 林树钱. 中国药用菌生产与产品开发[M]. 北京：中国农业出版社，2000.

[19] 林晓民，李振岐，侯军. 中国大型真菌的多样性[M]. 北京：中国农业出版社，2005.

[20] 林占熺. 菌草学[M]. 3版. 北京：国家行政学院出版社，2013.

[21] 刘波. 中国真菌志. 第二卷：银耳目和花耳目[M]. 北京：科学出版社，1992.

[22] 刘波. 中国药用真菌[M]. 太原：山西人民出版社，1974.

[23] 刘波. 中国真菌志. 第二十三卷：硬皮马勃目 柄灰包目 鬼笔目 轴灰包目[M]. 北京：科学出版社，2005.

[24] 刘旭东. 中国野生大型真菌彩色图鉴①[M]. 北京：中国林业出版社，2002.

[25] 卯晓岚. 中国大型真菌[M]. 郑州：河南科学技术出版社，2000.

[26] 卯晓岚. 我国常见常用食药用菌名称[J]. 中国食用菌，2002，21（4）：25-26.

[27] 潘保华. 山西大型真菌野生资源图鉴[M]. 北京：科学技术文献出版社，2018.

[28] 邵力平，项存悌. 中国森林蘑菇[M]. 哈尔滨：东北林业大学出版社，1997.

[29] 图力古尔. 中国真菌志. 第四十九卷：球盖菇科（Ⅰ）[M]. 北京：科学出版社，2014.

[30] 图力古尔. 多彩的蘑菇世界：东北亚地区原生态蘑菇图谱[M]. 上海：上海科学普及出版社，2012.

[31] 图力古尔. 蕈菌分类学[M]. 北京：科学出版社，2018.

[32] 图力古尔. 大青沟自然保护区菌物多样性[M]. 呼和浩特：内蒙古教育出版社，2004.

[33] 万智斌，祁亮亮，王术荣，等. 金沟岭东北红豆杉自然保护区食药用真菌资源[J]. 吉林农业，2011（5）：22-23.

[34] 王立安，通占元. 河北省野生大型真菌原色图谱[M]. 北京：科学出版社，2011.

[35] 魏润黔. 食用菌实用加工技术[M]. 北京：金盾出版社，1996.

[36] 吴兴亮，戴玉成. 中国灵芝图鉴[M]. 北京：科学出版社，2005.

[37] 吴兴亮，邓春英，张维勇，等. 中国梵净山大型真菌[M]. 北京：科学出版社，2014.

[38] 杨祝良. 中国真菌志. 第二十七卷：鹅膏科[M]. 北京：科学出版社，2005.

[39] 姚一建，吴海军，李熠，等. 中国大型真菌红色名录编研进展[C]//中国菌物学会. 中国菌物学会 2016 年学术年会论文摘要集. 福州：中国菌物学会，2016.

[40] 应建浙，臧穆. 西南地区大型经济真菌[M]. 北京：科学出版社，1994.

[41] 袁昌齐. 天然药物资源开发利用[M]. 南京：江苏科学技术出版社，2000.

[42] 袁明生，孙佩琼. 中国蕈菌原色图集[M]. 成都：四川科学技术出版社，2007.

[43] 臧穆. 中国真菌志. 第二十二卷：牛肝菌科（Ⅰ）[M]. 北京：科学出版社，2006.

[44] 张介驰，戴肖东，刘佳宁，等. 黑龙江林区大型经济真菌非褶菌目的种质资源[J]. 浙江食用菌，2010，18（4）：16-19.

[45] 张小青，戴玉成. 中国真菌志. 第二十九卷：锈革孔菌科[M]. 北京：科学出版社，2005.

[46] 赵继鼎. 中国真菌志. 第三卷：多孔菌科[M]. 北京：科学出版社，1998.

[47] 庄文颖. 中国真菌志. 第四十八卷：火丝菌科[M]. 北京：科学出版社，2014.

[48] 庄文颖. 中国真菌志. 第八卷：核盘菌科 地舌菌科[M]. 北京：科学出版社，1998.

名词索引

拉丁名索引